ライブラリ 物理学グラフィック講義＝4

# グラフィック講義
# 熱・統計力学の基礎

和田 純夫 著

サイエンス社

サイエンス社のホームページのご案内
http://www.saiensu.co.jp
ご意見・ご要望は　rikei@saiensu.co.jp　まで.

## はじめに

　本書は熱力学の入門コースとして読んで（使って）いただきたいと思って書いた本である．それがなぜ,「熱・統計力学」というタイトルになっているのか,簡単に説明しておこう．

　物体の動きについての学問が力学である．しかし物体は単に動いているばかりでなく，膨張・収縮し，温度が変わり，状態が変化する（水が氷になるなど）．そのような現象を，原子・分子のレベルにまでは踏み込まずに理論的に整理した学問が熱力学である．統計力学ではさらに進んで，原子・分子についての知識を取り入れて議論する．

　その意味では統計力学のほうがレベルの高い理論だが，本書では，レベルを上げるために熱力学と統計力学を一緒にしたわけではない．熱力学の2つの柱は,「エネルギー」と「エントロピー」である．エネルギーは力学でも使われた概念だが，エントロピーは熱・統計力学での独自の考え方である．そして熱力学単独でのエントロピーの定義は，抽象的であるばかりでなく,（物質の振舞いの基本原理というよりは）経験上の知識に頼ったものであり，その意味がつかみにくい．

　それに対して統計力学ではエントロピーを，物質が原子・分子から構成されていることを全面的に意識して定義する．したがってその意味がつかみやすく，使い方もすっきりと説明できる．つまり，統計力学（の基本的考え方）と一緒にすることで，熱力学の入門書がはるかに分かりやすくなるというのが私の考えである．また，熱力学では経験的事実としかいえない事項（たとえば理想気体の状態方程式）も，統計力学的発想からは，ごく簡単に導ける．学問の醍醐味という点からも，統計力学を知らないのは残念である．

　本書はこのような趣旨で書いた．力学のエネルギーについては最初に説明したが，高校で物理を学んでいない学生にとっては，力学を一学期間，学んでからで熱力学に入るほうが楽だろう．それ以外の知識は必要ない．統計力学の応用上の威力は，量子力学と組み合わせることにより本格的に発揮できるが，この本ではそこまでは踏み込んでいない．多少の量子力学での結論を天下り的に使うことがあるが（第7章），量子力学の知識は本書では必要ない．

## はじめに

　私は以前,「熱・統計力学のききどころ」(岩波書店)という本を出版したことがある．これも同じような趣旨で熱力学と統計力学を一緒に解説したものだが,「ききどころ」シリーズは, どちらかというと物理を得意とする人のための本であり, しかも熱・統計では, 量子力学の基礎知識も使った説明をした．したがって応用の話も多い．それに対して今回の本は, 統計力学的応用は最小限にして, 基本的な考え方の, さらに分かりやすい(と期待する)説明を試みた．ただし熱力学あるいは化学熱力学の入門コースで通常, 扱われる題材は, そろえたつもりである．

　所々で, 数学的に面倒だと感じる部分があるかもしれない．熱・統計力学でよく使われる数学は, 偏微分と対数関数である．偏微分のことは 4.1 項にまとめてあるが, 通常の微分と本質的には変わらない．対数関数は, 公式を付録にまとめたので, なれていない人はそちらを参考にしながら読んでいただきたい．

　本書の構成だが, 第 1 章と第 2 章は純粋に熱力学の話, 第 3 章は統計力学的なエントロピーの導入である．それらを統合して, 熱力学の基本原理を数式で表現するのが第 4 章のテーマである．この章が本書の中心部分である．

　残りの 3 章は応用であり, ほぼ独立に読める．第 5 章は相転移を中心とした物理的現象, 第 6 章は化学反応, そして第 7 章は統計力学で使われる手法(分配関数)の紹介と, その理想気体への応用である．こんなことまで熱・統計力学を使って説明できるのかと, 随所で感じていただければと願っている．

2012 年 1 月

和田純夫

# 目次

## 第1章　エネルギー・仕事・熱　　1
- 1.1　運動エネルギーと位置エネルギー　　2
- 1.2　エネルギー保存則と仕事　　4
- 1.3　正の仕事・負の仕事　　6
- 1.4　内部エネルギー　　8
- 1.5　熱　　10
- 1.6　熱力学第1法則　　12
- 1.7　仕事と熱のやり取り　　14
- 1.8　温度と熱平衡　　16
- 1.9　温度と原子・分子　　18
- 章末問題　　20

## 第2章　熱機関から熱力学第2法則へ　　23
- 2.1　理想気体の状態方程式　　24
- 2.2　理想気体の内部エネルギー　　26
- 2.3　膨張と収縮　　28
- 2.4　準静等温過程　　30
- 2.5　準静断熱過程　　32
- 2.6　オットーサイクル　　34
- 2.7　実用の熱機関　　36
- 2.8　カルノーサイクル　　38
- 2.9　カルノーサイクルの逆過程　　40
- 2.10　熱力学第2法則　　42
- 2.11　熱機関の最大効率　　44
- 章末問題　　46

目　次

## 第3章　エントロピー —— 確率的な見方　　49
- 3.1　粒子の分配 .................................................. 50
- 3.2　粒子数が膨大なときの確率分布 ........................... 52
- 3.3　平衡状態と揺らぎ .......................................... 54
- 3.4　微視的状態数 ............................................... 56
- 3.5　エネルギー分配の計算 ..................................... 58
- 3.6　統計力学でのエントロピーと温度 ........................ 60
- 3.7　理想気体のエントロピー .................................. 62
- 3.8　エントロピー非減少の法則 ................................ 64
- 3.9　応用 ......................................................... 66
- 章末問題 ......................................................... 68

## 第4章　平衡条件・自由エネルギー・化学ポテンシャル　　71
- 4.1　多変数の関数の微分 —— 偏微分 ........................... 72
- 4.2　熱力学第1法則の表現 ..................................... 74
- 4.3　示量変数と示強変数 ....................................... 76
- 4.4　平衡条件 —— 孤立系 ....................................... 78
- 4.5　環境との接触 ............................................... 80
- 4.6　自由エネルギーの微分 ..................................... 82
- 4.7　環境下での平衡条件 ....................................... 84
- 4.8　理想気体の諸量 ............................................. 86
- 4.9　重力中の理想気体 .......................................... 88
- 4.10　混合のエントロピー（理想気体） ........................ 90
- 4.11　混合のエントロピーと同種粒子効果 ..................... 92
- 章末問題 ......................................................... 94

## 第5章　相転移の熱力学　　97
- 5.1　固相・液相・気相 .......................................... 98
- 5.2　潜熱と平衡状態 ............................................. 100
- 5.3　相転移する温度の変化 ..................................... 102

|     |       |                                              |     |
| --- | ----- | -------------------------------------------- | --- |
|     | 5.4   | 蒸気圧 ........................................... | 104 |
|     | 5.5   | 混合物の化学ポテンシャル ............................ | 106 |
|     | 5.6   | 沸点上昇・凝固点降下 ................................ | 108 |
|     | 5.7   | 溶解度・浸透圧 ..................................... | 110 |
|     | 5.8   | 実在気体（ファンデルワールス理論）................... | 112 |
|     | 5.9   | ファンデルワールス理論での相転移 ..................... | 114 |
|     | 章末問題 ................................................ | 116 |

## 第6章　化学反応の熱力学　　　　　　　　　　　　　　　　119

|     |     |                                              |     |
| --- | --- | -------------------------------------------- | --- |
|     | 6.1 | 化学平衡の法則 ..................................... | 120 |
|     | 6.2 | 熱力学での平衡条件 ................................ | 122 |
|     | 6.3 | 平衡定数の公式 ..................................... | 124 |
|     | 6.4 | 標準ギブズエネルギー .............................. | 126 |
|     | 6.5 | 生成エンタルピー・生成熱 .......................... | 128 |
|     | 6.6 | 平衡定数の計算 ..................................... | 130 |
|     | 6.7 | 温度依存性（ルシャトリエの原理）................... | 132 |
|     | 6.8 | 溶液内での化学平衡 ................................ | 134 |
|     | 章末問題 ................................................ | 136 |

## 第7章　ボルツマン因子と等分配則　　　　　　　　　　　　139

|     |     |                                              |     |
| --- | --- | -------------------------------------------- | --- |
|     | 7.1 | 理想気体中の速度分布 .............................. | 140 |
|     | 7.2 | ボルツマン因子の由来 .............................. | 142 |
|     | 7.3 | 等分配則 ........................................... | 144 |
|     | 7.4 | 等分配則の破れ ..................................... | 146 |
|     | 7.5 | 正準分布の方法 — 分配関数 ......................... | 148 |
|     | 7.6 | 理想気体への応用 ................................... | 150 |
|     | 7.7 | 単振動の統計力学 ................................... | 152 |
|     | 7.8 | 正準分布の方法について ............................ | 154 |
|     | 章末問題 ................................................ | 156 |

## 目次

付録A 指数関数・対数関数　　158

付録B スターリングの公式を使った粒子分布の計算　　164

付録C 微視的状態数の計算例　　166

付録D エネルギー分配の揺らぎ　　168

応用問題解答　　170

索　引　　180

## ●● 重要な定数と単位 ●●

| 定数 | 単位 | 初出箇所 |
|---|---|---|
| アボガドロ数 $N_A$（定義値） | $6.02214076 \times 10^{23}$ | 1.9 項 |
| ボルツマン定数 $k$（定義値） | $1.380649 \times 10^{-23}$ J/K | 1.9 項 |
| 気体定数 $R\ (= N_A k)$ | $8.315\cdots$ J/K | 2.1 項 |
| J（ジュール）（エネルギーの単位） | $1\,\mathrm{J} = 1\,\mathrm{kg\,m^2/s^2}$ | 1.6 項 |
| cal（カロリー）（エネルギーの単位） | $1\,\mathrm{cal} = 4.18\cdots\,\mathrm{J}\ (約\,4.2\,\mathrm{J})$ | 1.6 項 |
| 絶対温度（K） | 摂氏温度（°C）＋ 273.15 <br> （0°C = 273.15 K） | 2.1 項 |
| 水の比熱 | 約 $1\,\mathrm{cal/K\,g} \fallingdotseq 4.2\,\mathrm{J/K\,g}$ | 1.6 項 |
| Pa（パスカル）（圧力の単位） | $1\,\mathrm{Pa} = 1\,\mathrm{kg/m\,s^2}$ | 章末問題 2.13 |
| hPa（ヘクトパスカル） | $1\,\mathrm{hPa} = 100\,\mathrm{Pa}$ | 章末問題 2.13 |
| 気圧（圧力の単位） | $1\,気圧 = 101325\,\mathrm{Pa} \fallingdotseq 1013\,\mathrm{hPa}$ | 章末問題 2.13 |
| 重力加速度 $g$ | $9.8\,\mathrm{m/s^2}\ (\fallingdotseq 10\,\mathrm{m/s^2})$ | 1.1 項 |

## 頻出記号表

| 記号 | 意味 | 初出箇所 |
|---|---|---|
| $M$ | 質量 | 1.1 項 |
| $E$ | エネルギー | 1.4 項 |
| $U$ | 内部エネルギー | 1.4 項 |
| $F$ | 力 | 1.4 項 |
| $V$ | 体積 | 1.4 項 |
| $Q$ | 熱 | 1.7 項 |
| $P$ | 圧力 | 2.1 項 |
| $T$ | 温度 | 2.1 項 |
| $m$ | モル | 2.1 項 |
| $N$ | 粒子数 | 2.1 項 |
| $\alpha$ | 比熱の係数 | 2.5 項 |
| $\alpha$ | 解離度（電離度） | 6.1 項 |
| $W$ | 仕事 | 2.6 項 |
| $\eta$（エータ） | 熱効率 | 2.6 項 |
| $\eta_C$ | カルノーサイクルの熱効率 | 2.8 項 |
| $\rho$（ロー） | 微視的状態数 | 3.4 項 |
| $\sigma$（シグマ） | 微視的状態数の対数 | 3.5 項 |
| $S$ | エントロピー（面積を表すのに使うこともある） | 3.6 項 |
| $\mu$ | 化学ポテンシャル | 4.3 項 |
| $F$ | ヘルムホルツの自由エネルギー | 4.5 項 |
| $G$ | ギブズの自由エネルギー | 4.5 項 |
| $H$ | エンタルピー | 5.2 項 |
| $L$ | 潜熱（気化熱など） | 5.3 項 |
| $x$ | 成分の比率（位置座標を表すのに使うこともある） | 5.5 項 |
| $K$ | 平衡定数 | 6.1 項 |
| $n$ | モル密度 | 6.1 項 |
| $\xi$ | 反応進行度 | 6.2 項 |
| $\Delta G^*$ | 標準ギブズエネルギーの差 | 6.3 項 |
| $S^*$ | 標準エントロピー | 6.6 項 |
| $H^*$ | 標準生成エンタルピー（標準生成熱） | 6.6 項 |
| $Z$ | 分配関数 | 7.2 項 |
| $\beta$ | $\frac{1}{kT}$（逆温度） | 7.5 項 |

# 第1章

# エネルギー・仕事・熱

　力学でエネルギーといえば，速度で決まる運動エネルギーと，位置で決まる位置エネルギーであった．しかし物体自体の状態が変わる（熱くなったり冷たくなったり，あるいは膨張したり収縮したりする）場合には，内部エネルギー（通称，熱エネルギー）というものも考えなければならない．これは物体を構成している原子・分子の状態で決まるエネルギーである．内部エネルギーまで考えたときのエネルギー保存則（熱力学第1法則）を説明し，また，エネルギーが変化する2種類のプロセス，仕事と熱という考え方を導入する．

運動エネルギーと位置エネルギー
エネルギー保存則と仕事
正の仕事・負の仕事
内部エネルギー
熱
熱力学第1法則
仕事と熱のやり取り
温度と熱平衡
温度と原子・分子

# 1.1 運動エネルギーと位置エネルギー

簡単な力学の復習から始めよう．物体を真上に投げる．上がるにつれて，その速さは減っていく．そしてある高さに達すると一瞬，静止し，次に落ち始める．落ちるにつれてその速さは増えていく．

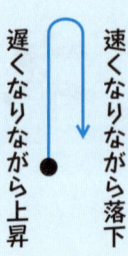

高いときその速さは小さい．低いときは速さは大きい．「高さ」ということと，「速さ」ということの間には，何かやり取りがあるように見える．

このことを式で表すために，**運動エネルギーと位置エネルギー**という量を定義しよう．一般に**エネルギー**とは，物体がもつ，他の物体に影響を与える能力だと考えればよい．たとえば速さが大きな物体は，他の物体にぶつかると大きな衝撃を与える．物体の質量が大きければなおさらである．そこで，物体がもつ運動エネルギーとは，その速さが大きければ大きく，また，質量が大きければ大きくなる量でなければならない．

また，高い位置にある物体は，たとえ静止していたとしても落下すれば大きな速さをもてるのだから，潜在的に大きなエネルギーをもっていると考えられる．高ければ高いほど，この潜在的なエネルギーも大きくなる．また，質量が大きな物体が落下すれば，落ちたときに大きな衝撃を与えられる．つまり位置エネルギーは，高さが大きければ大きく，また質量が大きければ大きくなる量でなければならない．

具体的な式で表すことを考えよう．物体の高さを $x$，速度を $v$ とする．どこか適当な位置を $x = 0$ とし，それより上方向を $x > 0$，下方向を $x < 0$ とする．速度 $v$ にも正負がある．物体が上向きに動いていれば $v > 0$，下向きに動いていれば $v < 0$ である．

## 1.1 運動エネルギーと位置エネルギー

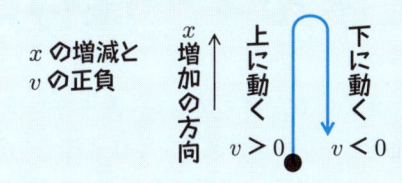

速さとは，速度 $v$ の絶対値のことである．たとえば物体が落下すると，しだいに下方向にスピードが上がる．下向きに動くのだから $v$ はマイナスだが，その絶対値，つまり速さは大きくなっていく．

物体の質量を $M$ とする．質量は小文字で $m$ と書くことも多いが，この本では，後から出てくる物質量（モル数）に $m$ という記号を使うので，それと混同しないように質量は $M$ と書く．

また，物体に（下向きに）働く重力の大きさを $Mg$ と書く．重力の大きさは質量に比例しており，その比例係数が $g$ である．$g$ は物体が重力によって落下するときの加速度に等しく，**重力加速度**と呼ばれる．その大きさは約 $9.8\,\mathrm{m/s^2}$ だが，ここでは具体的な値は必要ない（詳しくは力学の巻参照）．重力が強ければ落下するときの加速も大きくなるので，$g$ が大きいほど位置エネルギーも大きくなるはずである．

以上の記号を使って，高さ $x$ にあり，速度 $v$ をもつ，質量 $M$ の物体の各エネルギーを次のように定義する．

$$\begin{aligned}運動エネルギー &= \tfrac{1}{2}Mv^2 \\ 位置エネルギー &= Mgx\end{aligned} \tag{1}$$

このようにすれば，これまであげた各エネルギーの性質を満たしていることはわかるだろう．特に，高くなれば（$x$ が大きくなれば）位置エネルギーは大きくなるし，速さが大きくなれば運動エネルギーも増える（速度 $v$ は 2 乗になっているので，$v$ がマイナスの場合でも，その絶対値（速さ）が大きくなれば運動エネルギーも大きくなる）．運動エネルギーに $\tfrac{1}{2}$ という係数が付いている理由は，次の項で説明しよう．

**注** 上の位置エネルギーは，重力に逆らって高い位置にあることが原因のエネルギーなので，正確には「重力による位置エネルギー」という．他の力（電気力やバネの力など）の場合にも，それぞれの位置エネルギーの式がある． ○

# 1.2 エネルギー保存則と仕事

物体を投げ上げたとき,位置が高くなって位置エネルギーが増えると,逆に速さが小さくなって運動エネルギーが減る.それぞれのエネルギーが前項式 (1) のように定義されているとすると,増えた分と減った分が同じになり,合計は一定であることがわかっている.そうなるためには,運動エネルギーの式に $\frac{1}{2}$ を付けることが必要である(これは力学の話だが,章末問題 1.11 も参照).

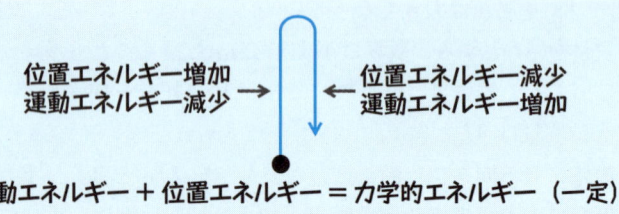

運動エネルギーと位置エネルギーの和を**力学的エネルギー**といい,その合計が一定であることを,力学的エネルギー保存則(略して**エネルギー保存則**)という.具体的に式で書けば,ある時刻での高さと速度をそれぞれ $x_1, v_1$ とし,その後のある時刻での高さと速度を $x_2, v_2$ としたとき

$$\tfrac{1}{2}Mv_1^2 + Mgx_1 = \tfrac{1}{2}Mv_2^2 + Mgx_2 \qquad (1)$$

という式が成り立つ(　　は運動エネルギー,　　は位置エネルギー).

**仕事** 次に,式 (1) を次のように書き直す.

$$\tfrac{1}{2}Mv_2^2 - \tfrac{1}{2}Mv_1^2 = Mgx_1 - Mgx_2 = Mg(x_1 - x_2) \qquad (2)$$

これはエネルギー保存則 (1) を書き換えただけの式とみなすこともできるが,力学ではこの式を別の見方で解釈することもある.そのことを説明しよう.

話を具体的にするため,物体は落下しているとしよう($x_1 > x_2$).すると,式 (2) 最右辺の $x_1 - x_2$ ($> 0$) は物体の移動距離である.また $Mg$ は重力の大きさを表す.このことを念頭に式 (2) を言葉で表すと

$$\text{物体の運動エネルギーの変化} = \text{重力} \times \text{移動距離} \qquad (3)$$

となる.

力学では一般に,「力 × (物体の) 移動距離」のことを, その力が物体に対してした**仕事**という. この表現は厳密には正確でないことを次項で補足するが, この表現を認めたとすれば, 式 (2) の最右辺

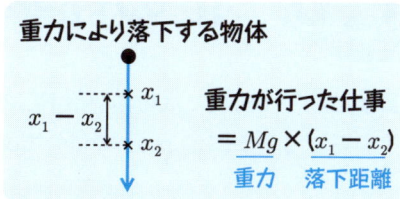

はまさに, 重力がこの物体に対して行った仕事である.

このように, 式 (2) の最右辺を (位置エネルギーの差ではなく) 仕事とみなしたときの, 式 (1) と式 (2) での見方の違いを説明しよう. 熱力学での考え方とも密接に関係する重要な問題である.

ポイントは, 全体を対象物として見るのか, 物体だけを対象物として見るのかの違いである. 式 (1) では, 物体と地球全体を対象物としている. したがって, 物体の運動エネルギーばかりでなく, 物体と地球の位置関係で決まる位置エネルギーも含めている (地球の運動エネルギーもあるが, これは物体の動きには影響されない定数だとみなして無視している).

一方, 式 (2) では, 物体だけを対象物とみなしている. したがって, エネルギーとしては物体の運動エネルギーだけを考える. しかしこの対象物 (= 物体) は孤立したものではない. 外部, つまり地球から重力を受けている. この重力の影響で, 物体の運動エネルギーは保存しない (変化する). この変化が, 重力が物体にする仕事に等しいというのが, 式 (2) である.

全体 (この場合では物体と地球) を考えればエネルギー保存則が成立し, 一部分 (この場合では物体) だけ考えれば, 「エネルギーの変化 = 外部から受けた仕事」という式になる. どちらも力学的に正しい見方である.

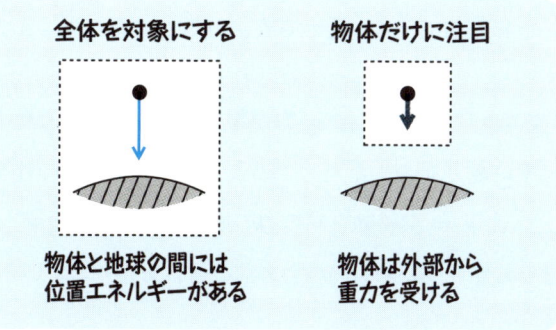

# 1.3 正の仕事・負の仕事

**上昇する場合** 前項では物体が落下している場合を考えた．では上昇の場合はどうなるだろうか．$x_2 > x_1$ の場合である．

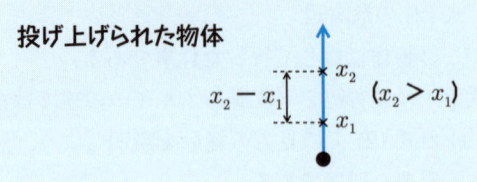

エネルギー保存則（前項式 (1)）はどんな場合でも成り立つのだから，前項式 (2) も成り立つはずである．しかし落下の場合と比べて，符号は逆になっている．上昇していれば速度は減るので，運動エネルギーは減少する．つまり

$$\tfrac{1}{2}Mv_2^2 - \tfrac{1}{2}Mv_1^2 < 0$$

である．また，$x_1 < x_2$ なので，式 (2) の右辺も負である．つまりどちらも負なので式 (2) は成り立っているが，式 (3) は注意が必要である．落下のときは移動距離は $x_1 - x_2$ だったが，上昇のときは

$$\text{移動距離（上昇のとき）} = x_2 - x_1$$

である．したがって前項式 (3) は

$$\text{物体の運動エネルギーの変化} = -(\text{重力} \times \text{移動距離}) \quad (1)$$

としなければならない．右辺にマイナスが付く．

**仕事の定義** 上昇と落下で式が変わるが，力学ではよく知られていることである．一般に

$$\text{物体のエネルギーの変化} = \text{力が物体に対して行った仕事} \quad (2)$$

という関係は常に成り立つ．ただしこのように書いたときの仕事は

$$\text{仕事} = (\text{移動方向の力の成分}) \times (\text{移動距離}) \quad (3)$$

としなければならない．移動方向の力の成分とはわかりにくいかもしれないが，

## 1.3 正の仕事・負の仕事

実例で説明しよう．

次の図の2つの場合を考える．

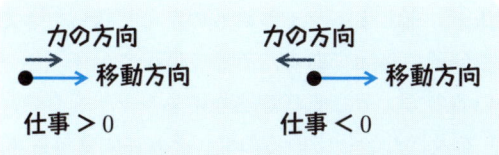

まず左図では，力は物体が移動する方向に働いている．そのときは，「移動方向の力の成分」とは力そのものに他ならない．したがって

$$仕事 = 力の大きさ \times 移動距離$$

となり，プラスである．

一方，上の右図では，力は物体が動く方向と逆方向に働いている．力と移動方向が逆なので，力の大きさを $F$ と書けば，「移動方向の力の成分」とは $-F$ のことである．したがって

$$仕事 = -(力の大きさ \times 移動距離)$$

となり，マイナスになる．

このように仕事を定義すれば，前項式 (3) も，この項の式 (1) も

$$物体の運動エネルギーの変化 = 重力が行った仕事$$

と，共通の形で書ける．前項の場合（落下）は，仕事はプラスなので運動エネルギーは増える．一方，この項の式 (1) での上昇の場合は，重力は逆方向に働き仕事はマイナスなので，運動エネルギーは減ることになる．

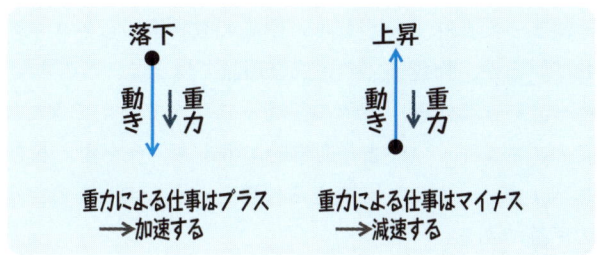

## 1.4 内部エネルギー

　ここまでは物体を，まとまった1つのものとして扱ってきた．しかし物体というものは原子や分子の集団である．そして原子や分子（以下，原子・分子と書く）は動いているので，それぞれが運動エネルギーをもつ．またそれらは互いに力（電気力）を及ぼし合っているので，それによる位置エネルギーもある．

　たとえば容器の中に閉じ込められている気体の場合，容器自体は止まっていても一つ一つの分子は動きまわっている．つまり気体全体としての運動エネルギーはゼロでも，個々の分子の運動エネルギーはゼロではない．

　そこで，物体の全エネルギー（$E$）を，1.2項でのように物体を一体のものとみなしたときの力学的エネルギーと，内部での原子・分子の振舞いに起因するエネルギーとに分けて考える．そして後者を**内部エネルギー**（$U$）と呼ぶ．つまり

$$
\begin{aligned}
物体の全エネルギー \\
= 物体全体としての運動エネルギー \\
+ 物体全体としての位置エネルギー \\
+ 物体の内部エネルギー
\end{aligned}
\tag{1}
$$

とする．内部エネルギーは，物体全体の速度や位置とは無関係に，たとえばそれがどれだけ熱くなっているか，あるいは原子・分子がどれだけ密集しているかといったことで決まる量である．

　内部エネルギーはよく熱エネルギーとも呼ばれる．確かに，物体が熱ければ原子・分子が活発に動いており，内部エネルギーは大きい．しかし内部エネルギーは原子・分子間の結合の強さにも関係しており，熱さだけで決まる量ではない．また次項で説明するように，物理学では「熱」という用語は，内部エネルギーとは違う，ある決まった意味で使われる．中高の教科書では熱エネルギーという言葉が使われているが，物理学での正式な用語ではなく，この本でも使わない．

**内部エネルギーに対する仕事―気体の圧縮**　ここまで考えてきた仕事とは，物体全体としてのエネルギー（つまり力学的エネルギー）を変えるものであった．しかし内部エネルギー（だけ）を変える仕事というものもある．その典型的なものが気体の圧縮である．

## 1.4 内部エネルギー

　気体が容器の中に入っている．この気体全体を1つの物体とみなそう．容器の左側の壁は左右に移動することができるとする．この壁を右にゆっくりと動かして気体を圧縮する．話を簡単にするために，壁自体のエネルギーは考えない（壁には質量はないと仮定してもよいし，非常にゆっくりと動かすとすれば，運動エネルギーはないので質量があっても構わない）．

　壁の移動距離を $\Delta x$ としよう（一般に，何か変数 $X$ があるとき，その変化を $\Delta X$ と書く．壁の位置座標を $x$ とすれば，壁の移動距離は $\Delta x$ と書ける）．また，気体の体積を $V$，体積の変化を $\Delta V$ と記す．圧縮の場合は気体の体積は減るのだから $\Delta V < 0$ であり，壁の面積を $S$ とすれば

$$\Delta V = -S\Delta x \quad \Rightarrow \quad \Delta x = -\frac{\Delta V}{S}$$

壁が気体を押す力を $F$ とすると，壁が気体に対して行った仕事は

$$\text{仕事} = \underset{(力)}{F} \times \underset{(距離)}{\Delta x} = -\frac{F}{S}\Delta V \tag{2}$$

と書ける．上図の場合は $\Delta V < 0$ だから仕事はプラスである．

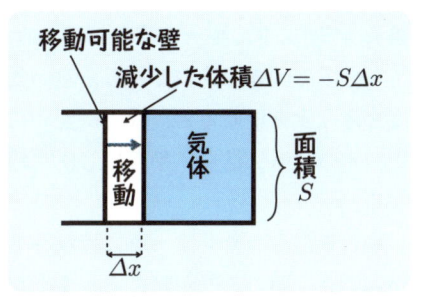

　プラスの仕事を受けた気体は，その内部エネルギーが増加するはずである．それは下図のように理解できる．動いている壁に衝突した分子は，それだけ激しくはね返る．その結果，気体中の分子の運動が活発になり，内部エネルギーが増すことになる（温度が上がる）．

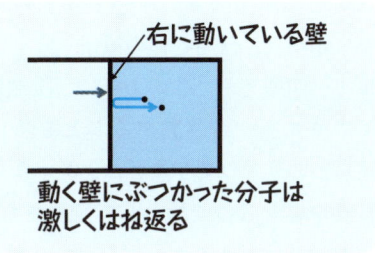

**体積を変えない仕事—撹拌，摩擦**　体積を変えない仕事もある．たとえば気体や液体を棒でかき混ぜれば，棒の動きにつられて原子・分子の動きが激しくなり，その結果として内部エネルギーが増える（温度が上がる）．このような操作を**撹拌**という．また，固い物質ならば，こすって熱くすることもできる．**摩擦**である．こすられた対象物の体積も位置も変わらなくても，力の作用点は動いているので仕事がなされている．

# 1.5 熱

仕事は力を加えることにより物体のエネルギーを変えるプロセスである．しかし力を加えなくても内部エネルギーを変えることができる．

たとえば高温の物体と低温の物体を接触させたとしよう．すると，高温物体の温度は下がり，低温物体の温度は上がって，両者は同じ温度になる．そもそも温度とは何か，温度と内部エネルギーの間の関係は，といった問題はこれから説明していかなければならないが，少なくとも，高温物体の内部エネルギーが減り，低温物体の内部エネルギーが増えたことは間違いがない．

**熱 ＝ 内部エネルギーの移動**　熱い物体と冷たい物体の違いは，物体内部の原子・分子の動きの違いである．熱い物体では，それらは活発に動いている．温度が違う水を混ぜると，分子は互いに頻繁に衝突し，動きが不活発であった冷たい水の分子も活発に動き出し，平均として全体が同じように運動するようになる．

物質を混ぜたりせず，単に接触させた場合でも，接触面で原子・分子の衝突が起こり，同じことが起こる．また高温側から赤外線が発せられ低温側で吸収されるという間接的な接触もある．いずれにしろ高温物体の原子・分子のエネルギーが減り，低温物体の原子・分子のエネルギーが増える．このように，接触によってエネルギーが移動することを**熱**（の伝達）という．つまり熱とは，エネルギーの移動プロセスの一種として定義される．

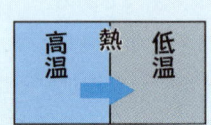

接触によるエネルギーの移動
＝ 熱の伝達

力学ではエネルギー保存則というものがあった．たとえば落下運動の例では，運動エネルギーと，重力による位置エネルギーの和は一定であった．そこで，内部エネルギーについてもエネルギー保存則が成り立つと考え，2つの物体の接触における熱の伝達においては，「一方での内部エネルギーの増加と，他方での内部エネルギーの減少は等しい」という考え方が19世紀に登場した．

といっても，各温度で物質はどれだけの内部エネルギーをもっているかという知識はもっていなかった．そこで1つの仮定として

「物質の内部エネルギーは，温度が 1 度上がるごとに同じ量だけ増える（これを**熱容量**という… 次項参照）．その量は物質ごとに異なるが，同じ物質だったら，物質量（質量あるいは体積）に比例する．」
という考え方が採用された．その後，「温度が 1 度上がるごとに同じ量だけ増える」という仮定は厳密には成立しないことがわかったが，この考え方は近似的には正しく，それを前提として次の問題を考えてみよう．

> **課題 1** 温度 20 °C の水 1 kg（約 1 L（リットル）= 1000 cm$^3$）と，50 °C の水 500 g を混ぜた．水は何度になったか．ただしこの操作は，熱を外部に伝えにくい容器の中で，撹拌はせずに素早く行ったものとする．
>
> **考え方** 撹拌しないということは，この水に仕事はしていないということである．つまり仕事による内部エネルギーの変化は考えない．
>
> **解答** 20 °C を基準に考えれば，それより 30 度熱い水が 500 g ある．混ぜた場合，その 30 度分の内部エネルギーを，3 倍の合計 1500 g の水で分けるのだから，500 g 当たりでは 10 度分になる．つまり混ぜた後の水の温度は，20 °C に 10 度を加えて 30 °C になる．
>
>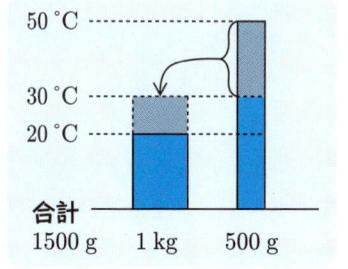
>
> **注** 温度変化の単位は「度」で表す．○

上の例は混ぜるものがどちらも水だったので話は簡単だった．では，たとえば熱い鉄を水の中に入れた場合にはどうなるだろうか．

> **課題 2** 100 °C に熱した 1 kg の鉄を，20 °C の水 1 kg の中に入れたところ，全体が 28 °C になった．同じ質量の鉄と水を 1 度だけ上下させるのに必要なエネルギーの比を求めよ．
>
> **解答** 1 kg の鉄が 72 度下がったとき，1 kg の水が 8 度上昇した．つまり 1 度上下させるとき，水では鉄に比べて $\frac{72}{8} = 9$ 倍のエネルギーが出入りする．

# 1.6 熱力学第 1 法則

エネルギーを変える手段として，仕事と熱という，2 つのプロセスを説明した．そのことを式に書けば

> 物体の全エネルギーの増加
> ＝ 外力が物体に対して行った仕事 ＋ 外部から伝わった熱 (1)

となる（**外力**(がいりょく)とは物体が外部から受けた力のこと）．左辺は「増加」と書いたが，「増加の場合をプラス」とするということである．「減少のときはマイナスの増加」とする．この式を**熱力学第 1 法則**という．全エネルギーは力学的エネルギーも内部エネルギーも含むが（1.4 項式 (1)），力学的エネルギーが一定の場合は左辺は「内部エネルギーの増加」となる．

この式で重要なことは，たとえば仕事によって物体の温度を 1 度上げたとしても（たとえば水を撹拌して温度を上げる），あるいは高温物体を接触させることによって温度を 1 度上げたとしても，結果に違いはないということである．熱や仕事というものがその物体にたまったわけではなく，どちらも 1 度分だけ内部エネルギーが増えたのである．

このことは，どれだけの熱が，どれだけの仕事と同等かという比較ができることを意味する．右ページで，19 世紀に最初にこの比較を行ったジュールの実験を紹介するが，比較のためにはまず，そもそも熱や仕事の量をどのように表現するか，単位は何かということを説明しておかなければならない．

**熱の単位** 一定量の物体の温度を 1 度上げるのに必要な熱の大きさが，その物体の**熱容量**である．熱と仕事の対応関係がわかっていれば，熱容量の単位は仕事の単位を使うことができ，実際，現在ではそれが国際的な標準である．しかしここではまず，熱独自の単位である cal（カロリー）から紹介しよう．

大雑把にいえば，水 1 g を 1 度上げるのに必要な熱を 1 cal という．厳密なことをいうと，たとえば 20 ℃ の水を 1 度上げるのに必要な熱と，90 ℃ の水を 1 度上げるのに必要な熱は，ごくわずか（0.1 %未満）に違い，そのこともあって cal の定義も 1 つではないが，以下ではその程度のことは問題にしない．

1 g の物体を 1 度だけ上げるのに必要な熱を特に，その物体の**比熱**という．こ

## 1.6 熱力学第1法則

れは 1g 当たりの熱容量である．したがって水の比熱は

$$水の比熱 = 1\,\mathrm{cal/度 \cdot g}$$

である（1度当たり 1g 当たり 1cal 必要だということ）．また前項の課題 2 から

$$鉄の比熱 = 1\,\mathrm{cal/度 \cdot g} \times \frac{1}{9} \fallingdotseq 0.11\,\mathrm{cal/度 \cdot g}$$

**仕事の単位**　仕事はエネルギーの変化を表す量なので，仕事には力学的エネルギーの単位（SI 単位系では J（ジュール））が使える．また仕事は 力 × 移動距離 なので，それぞれの単位，つまり N（ニュートン）と m（メートル）を掛けてもよい．あるいは kg, m, s（秒）に分解することもでき

$$1\,\mathrm{J} = 1\,\mathrm{N\,m} = 1\,\mathrm{kg\,m^2/s^2}$$

そして 1 cal が約 4.2 J に相当することを確かめたのがジュールの実験である．

**ジュールの実験**　ジュールはいくつかの実験を行っているが，その中でも特に有名なのが，水を羽根車で撹拌して温度上昇を測るという実験である．

実験装置を模式的に描くと右図のようになる．図の右にあるおもりがゆっくりと落下するにつれて，それとつながっている羽根車が水を撹拌する．重力がおもりに対して行った仕事が，羽根車を通して水の温度上昇を引き起こす．

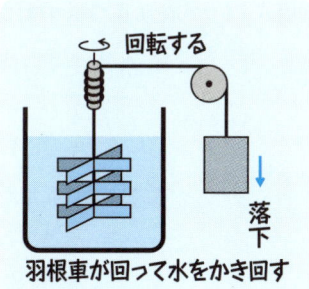

> **課題**　上図の実験で，水の質量が 6 kg，おもり（鉛）が 26 kg, 1.6 m の落下を 20 回繰り返したとする．1 cal が 4.2 J に相当するとすれば水の温度は何度上昇したか（これらはジュールが行った実験にほぼ相当する数値である）．
>
> **解答**　重力（$Mg$）が行った仕事は，重力加速度 $g$ を $9.8\,\mathrm{m/s^2}$ とすれば
>
> $$Mg \times 移動距離 = 26\,\mathrm{kg} \times 9.8\,\mathrm{m/s^2} \times 1.6\,\mathrm{m} \times 20 \fallingdotseq 8154\,\mathrm{J}$$
>
> これを cal に換算する（4.2 で割る）と 1941 cal．したがって水 1g 当たりでは
>
> $$1941\,\mathrm{cal} \div (6 \times 10^3\,\mathrm{g}) \fallingdotseq 0.32\,\mathrm{cal/g}$$
>
> したがって水は 0.32 度上昇する．

4.2 J/cal という値を**熱の仕事当量**（とうりょう）という（1 cal が 4.2 J に相当するということ）．厳密には cal の定義に応じて，さらに精密な値が決められている．

# 1.7 仕事と熱のやり取り

1.2 項では，力学的エネルギーに関して，全体を考える見方と，部分に注目する見方の違いを説明した．内部エネルギーまで含めて考えるときも，同様の 2 つの見方がある．

互いに影響を及ぼし合っている「すべて」を含めたものを，それだけで独立した存在という意味で**孤立系**と呼ぶ（気体，液体，固体に限らず物体の集合のことを一般に**系**という）．孤立系では全エネルギーが一定という法則が，エネルギー保存則である．一方，前項の熱力学第 1 法則（前項式 (1)）は，孤立系ではない対象物のエネルギーと，外からの影響との関係を示したものである．

孤立系を 2 つの部分系 A と B に分けたとする．それぞれの部分系に対して前項式 (1) が成り立つはずだから

$$
\begin{aligned}
&\text{系 A のエネルギーの増加} \\
&\quad = \text{系 B による力が系 A に対して行った仕事} \qquad (1) \\
&\quad\quad + \text{系 A に伝わった熱}
\end{aligned}
$$

$$
\begin{aligned}
&\text{系 B のエネルギーの増加} \\
&\quad = \text{系 A による力が系 B に対して行った仕事} \qquad (2) \\
&\quad\quad + \text{系 B に伝わった熱}
\end{aligned}
$$

系 A と系 B を合わせれば孤立系になるのだから，エネルギー保存則より

$$\text{系 A のエネルギーの増加} + \text{系 B のエネルギーの増加} = 0$$

つまりどちらかは負の増加（= 減少）である．したがって，式 (1) と式 (2) の右辺の和もゼロにならなければならないが，問題は仕事どうし，熱どうしを足すとそれぞれがゼロになるのか，という点にある．これには，そうなる場合とならない場合がある．

**素直なケース** 系 A が力 $F$ を系 B に及ぼし，距離 $\Delta x$ だけ仕切りを押し込んだとしよう（仕切りで隔てられた 2 つの気体があり，その仕切りが移動したと考えればよい）．

$$\text{系 A による力が系 B に対して行った仕事} = F\Delta x$$

となる．このとき作用反作用の法則により，系 B は系 A に逆方向の力 $-F$ を

## 1.7 仕事と熱のやり取り

及ぼしている．この力は接触点の動きとは逆方向だから仕事はマイナスになり

$$\text{系 B による力が系 A に対して行った仕事} = -F\Delta x$$

これらを足せばゼロになる．仕事のやり取りである．

また，移動しない接触面を通して，ある量 $Q$ のエネルギーが系 A から系 B に移動した場合，系 A からは熱が出ていったのだから「系 A に伝わった熱」は $-Q$，「系 B に伝わった熱」は $+Q$ になり，合計すればゼロになる．

**素直でないケース**　上の例では，力の作用点（仕切り）が両系で同じように動いているので（あるいはどちらも動いていないので），仕事は合計ゼロになり，したがって熱の合計もゼロになった（仕事と熱すべての合計はゼロなのだから）．しかし作用点が一緒に動かない例もある．

---

**課題**　物体が水平な台の上で，最初はある速度で滑っていたが，摩擦があるので少し移動してから止まった．台は固定されていて動かないものとする．この過程について，(a) 全体のエネルギーの保存則，(b) 物体と台のそれぞれの力学的エネルギーと，内部エネルギーの増減を表す式を考えよ．

**解答**　(a)　最初は物体の運動エネルギーがある．また，止まるまでに摩擦のために接触面が熱くなり，物体と台の内部エネルギーが増加する．全体としては

物体の運動エネルギーの（負の）増加 ＋ 物体と台の内部エネルギーの増加 ＝ 0

(b)　物体は摩擦力と反対方向に動いているので，摩擦力が物体に対して行った仕事はマイナスである．つまり物体に対する力学上の関係は

$$\text{物体の運動エネルギーの負の増加} = \text{摩擦力による負の仕事}$$

台は終始，動いていないので，摩擦力が台に対して行った仕事はゼロ（移動距離がゼロだから）．台の運動エネルギーもゼロのままである．また，内部エネルギーの増減に関する熱力学第 1 法則は

$$\text{物体の内部エネルギーの増加} = \text{発生した摩擦熱の物体への伝達}$$
$$\text{台の内部エネルギーの増加} = \text{発生した摩擦熱の台への伝達}$$

(a) の結果より，摩擦力による負の仕事 ＋ 発生した摩擦熱の総量 ＝ 0 である．

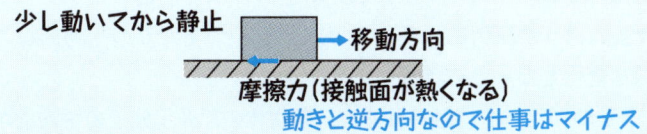

# 1.8 温度と熱平衡

　温度が高い物体の内部エネルギーは大きい．では，温度と内部エネルギーは同じものなのか．

　この2つの量には密接な関係があるが，大きな違いもある．たとえば50℃の水1kgを2つ用意して一緒にしたとしよう．すると内部エネルギーは2倍になる．しかし温度は変わらず50℃のままである．50℃の水を2つ混ぜたからといって，100℃になって沸騰するわけはない．

　大雑把にいえば，温度とは，「分子あるいは原子1つ当たりがもつエネルギー」で決まる量である．1つ当たりの量なのだから，いくら全体の分量を増やしても温度は変わらない．また，同じ温度でも物質が違えば原子・分子1つがもつエネルギーは異なる．

**注**　原子・分子は絶えず衝突してエネルギーを交換し合っており，エネルギーの大きさは絶えず変わっている．ここでいう原子・分子1つ当たりがもつエネルギーとは，ある時間間隔で平均したときの値である．　　　　　　　　　　　　　　　○

**注**　原子はいくつかまとまって分子として振る舞っている場合と，そうでない場合とがある．一般に気体や液体では分子として振る舞い，固体ではそうではないことが多い．そこでここでは，「原子・分子」あるいは「原子あるいは分子」という言い方を使う．　　　　　　　　　　　　　　　　　　　　　　　　　　　　　　　　　○

　では，どのような場合に，2つの物体の温度が同じといえるのだろうか．温度計で測って同じ結果が出れば，我々は温度が同じだというが，そもそも温度計で測るということはどういうことかを考えてみよう．

　たとえば水の温度をアルコール温度計で測る場合，温度計のガラス容器（の原子）を通して間接的に水の分子とアルコール分子が接触し，熱という形での内部エネルギーの移動が起こる．その結果としてのアルコールの膨張・収縮を温度計で見ているわけである．熱の伝達があれば水の内部エネルギーも変化するが，水の量のほうが圧倒的に多いので水分子1つ当たりの平均的なエネルギーはほとんど変化しないとの前提での話である．

　一般に，2つの物体を接触させると，各物体の原子・分子の平均的エネルギー

がある比率になったとき，内部エネルギーの移動が止まる．このとき，この2つの物体が**熱平衡**にあるという．温度計で物体の温度を測るとは，温度計と物体を熱平衡にし，そのときの温度計の状態を見るということである．

**熱力学第 0 法則**　ここで，当たり前にも思えるがよく考えると不思議なことを指摘しておこう．3 つの物体 A, B, C があり，A と B を接触させても，B と C を接触させても熱は伝わらない，つまり熱平衡であったとしよう．そのとき，A と C を接触させても熱は伝わらない．A と C も熱平衡である．

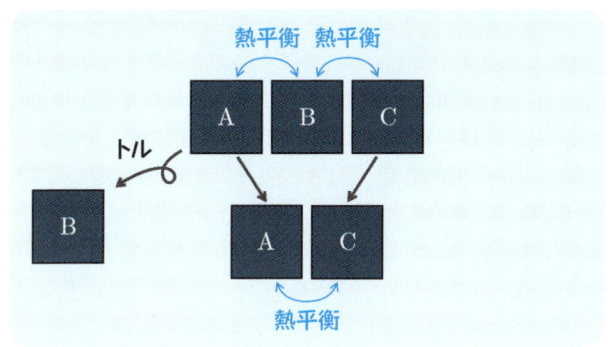

温度計で物体の温度が決められるというのも，この事実があるからである．温度計で測って水と油がどちらも 50°C だったら，その水と油を直接接触させても熱の伝達は起こらない．だからこそ，温度という量に意味がある．

このような温度の性質を**熱力学第 0 法則**といい，熱力学の範囲では理由はわからないが，自然界で実際に成立している性質である．しかし第 3 章で，統計力学的に温度を定義すると，そのもっともらしさがわかってくる（3.6 項参照）．

**平衡状態**　熱平衡とは 2 つの物体の温度が等しくなった状態だが，1 つの物体のすべての部分が同じ温度であるためには，物体内部の各部分が互いに熱平衡になっていなければならない．たとえば気体や液体を撹拌している最中は，場所によって温度が違うかもしれない．また，どこか 1 カ所だけ熱していれば，そこが特に高温になる．撹拌や加熱を止めて一定の時間が経過し，全体が熱平衡になり落ち着いた状態を**平衡状態**と呼ぶ．熱力学で扱う状態とは基本的に平衡状態である（考えているプロセスの途中で，平衡が乱された状態を経過することはしばしばあるが）．

# 1.9 温度と原子・分子

温度とは，原子・分子 1 つ当たりのエネルギーによって決まると説明した．では原子・分子 1 つは平均としてどの程度のエネルギーをもっているのだろうか．これは，エネルギーの基準点をどこに置くかなど面倒な問題を含むが，温度が 1 度上がるごとに原子・分子 1 つのエネルギーがどれだけ変化するかは，比熱からすぐに計算できる．

> **課題** 水の温度が 1 度上がるとき水の分子 1 つ当たりの平均エネルギーはどれだけ増えるか．また鉄の場合，温度が 1 度上がるとき鉄原子 1 つ当たりの平均エネルギーはどれだけ増えるか．鉄については 1.5 項課題 2 を参考にせよ．
>
> **考え方** 分子 1 つ当たりの熱容量，原子 1 つ当たりの熱容量を求めるという問題である．水の分子量は 18．つまり水 18 g 中にアボガドロ数 $N_A$ 個 ($N_A \fallingdotseq 6.0 \times 10^{23}$) だけの分子が含まれている．また鉄の原子量は約 56 である（56 g 中に原子 $N_A$ 個）．
>
> **解答** 水 1 g の温度を 1 度上げるのに必要なエネルギーが 1 cal すなわち 4.2 J である．また，1 g 中には $\frac{N_A}{18}$ 個だけの分子が含まれているのだから
>
> 水分子 1 つ当たり 1 度当たりのエネルギーの増加
> $= 4.2 \div \frac{6 \times 10^{23}}{18} \fallingdotseq 12.6 \times 10^{-23} \, (\text{J/度} \cdot \text{個})$
>
> 単位「J/度・個」は，1 度当たり，1 個当たり何 J 必要かを表す．「個」は単位に含めないこともあるが，含めた方が格段にわかりやすい．
>
> また，1.5 項課題 2 によれば，鉄 1 g の温度を 1 度上げるには水の $\frac{1}{9}$ の熱ですむ．1 g 中の鉄原子数は $\frac{N_A}{56}$ であるから
>
> 鉄原子 1 つ当たり 1 度当たりのエネルギーの増加
> $= 4.2 \times \frac{1}{9} \div \frac{6 \times 10^{23}}{56} \fallingdotseq 4.4 \times 10^{-23} \, (\text{J/度} \cdot \text{個})$

水分子は $H_2O$ だから原子 3 つを含む．もしエネルギーがこの 3 つに等分されていたとすると，1 つ当たりは $4.2 \times 10^{-23}$ J/度・個である．これは鉄原子 1 つ当たりの値と極めて近い．つまり同じ質量で比べると鉄のほうが温めやすいように見えるが，原子 1 つ当たりで見るとほとんど変わらない．

ここで**ボルツマン定数** $k$ という数を導入する（$k_B$ とも書く）．その値は

## 1.9 温度と原子・分子

$$k \fallingdotseq 1.38 \times 10^{-23} \, \text{J}/{}^\circ\text{C} \tag{1}$$

ボルツマン定数とは，理想気体の状態方程式（2.1 項式 (1)）に出てくる定数だが，その意味はともかく，上の課題の結果が $k$ の何倍かを計算すると

水分子 1 つ当たりの熱容量　　$3 \times 3.0k \, (\fallingdotseq \frac{12.6 \times 10^{-23}}{1.38 \times 10^{-23}} k)$

鉄原子 1 つ当たりの熱容量　　$3.2k \, (\fallingdotseq \frac{4.4 \times 10^{-23}}{1.38 \times 10^{-23}} k)$

どちらの場合も，原子 1 つ当たり $k$ の約 3 倍となっている（鉄の場合，正確な比熱を使うと $3.03k$ になる）．

水のような液体の場合は複雑だが，固体（特に元素）の場合，鉄に限らず一般に原子 1 つ当たりの熱容量はほぼ $3k$ になる．このことは経験的に 19 世紀初頭から知られており，**デュロン-プティの法則**として呼ばれていた（ただし極低温を除く…7.7 項）．

この法則が成り立つ理由は，固体中での原子の運動のしかたに関係している．固体では一般に，少数個の原子が分子を作るのではなく，無数の原子が規則正しく配列するという構造をもっている．各原子は隣りの原子とバネと同じような力で結び付いており，勝手には動き回れないが，自分の位置の付近で細かく振動している．この振動が内部エネルギーの起源である．

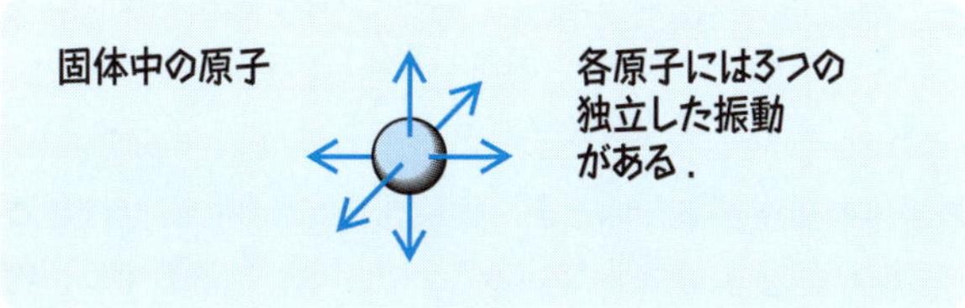

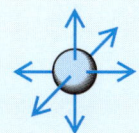

固体中の原子　　各原子には3つの独立した振動がある．

振動には縦方向，横方向，高さ方向の 3 つの独立の方向があり，物体の温度を上げるためには，そのすべての振動を同じように激しくしていかなければならない．一般に独立の運動それぞれを**自由度**というが，各原子は振動の自由度を 3 つもっていることになる．そして，振動の運動 1 つを温度 1 度分だけ上げるには，$k$ だけのエネルギーが必要であることが統計力学によって示された（第 7 章参照）．振動のエネルギーは運動エネルギーと位置エネルギーの和なので，それぞれに分ければ $\frac{k}{2}$ ずつである．これはすべての運動の自由度に対して（極低温でなければ）成り立つ規則であり，エネルギーの**等分配則**と呼ばれている．これについてはまた 2.2 項で，気体を取り上げて議論することにする．

## 復習問題

以下の [ ] の中を埋めよ（解答は 22 ページ）．

☐ **1.1** 速度の大小を表すエネルギーを [ ① ] エネルギーといい，位置の高低で決まるエネルギーを（重力による）[ ② ] エネルギーという．

☐ **1.2** 互いに力を及ぼしあっているすべての物体（孤立系）のエネルギーの合計は一定である．この法則を [ ③ ] という．そのうちの一部の物体だけを取り出したときは，そのエネルギーは，それ以外の物体から受けた力による [ ④ ] の分だけ変化する．

☐ **1.3** 物体の受ける仕事がマイナスのとき，その物体がもつエネルギーは [ ⑤ ]．仕事がマイナスであるとは，力の方向と物体の移動方向が [ ⑥ ] の場合である．

☐ **1.4** 気体に力を加えて圧縮させたとき，その力が気体にした仕事の符号は [ ⑦ ] である．

☐ **1.5** 物体内部での原子や分子の運動が激しくなると，[ ⑧ ] エネルギーが増える．

☐ **1.6** 高温物体と低温物体を接触させると，エネルギーは [ ⑨ ] 側から [ ⑩ ] 側に移動する．このエネルギーの移動のことを [ ⑪ ] という．

☐ **1.7** 熱は 2 つの物体の接触面を通じて片方から他方に伝わることもあるが，接触面で [ ⑫ ] によって発生した熱が，両側の物体に伝わることもある．この熱は，何らかの力による [ ⑬ ] によって発生する．

☐ **1.8** 2 つの物体の温度が等しいとき，接触させても熱の移動は起こらない．このとき 2 つの物体は [ ⑭ ] になっているという．[ ⑮ ] 状態では，物体の中のすべての部分の温度が等しい．

☐ **1.9** 比熱は物体によって大きく異なるように見えるが，それはそれらの物体を構成する原子の数の違いによるものであり，1 原子当たりにするとそれほど違いはない．たとえば固体元素の場合，1 原子当たりの比熱は約 [ ⑯ ] $k$ である（$k$ はボルツマン定数）．この法則を [ ⑰ ] という．

☐ **1.10** 原子・分子は，各方向への移動，回転，振動などの運動をする．独立の運動それぞれを運動の [ ⑱ ] と呼ぶ．比熱の大きさは自由度の数に比例する傾向にあり，これをエネルギーの [ ⑲ ] と呼ぶ．

## 応用問題

☐ **1.11** 重力を受けて垂直方向に運動する物体の，時刻 $t$ における速度 $v$ と位置 $x$ は

$$v = -gt + v_0,$$
$$x = -\tfrac{1}{2}gt^2 + v_0 t + x_0$$

と書ける．ただし $v_0$ と $x_0$ は $t = 0$ での速度と位置である（初速度，初期位置）．力学的エネルギー保存則を確かめよ．

☐ **1.12** 初速度 $100\,\text{km}/$時で投げ上げた物体は，何 m まで上がるか．エネルギー保存則を使って計算せよ．下図を参考にして考えよ．

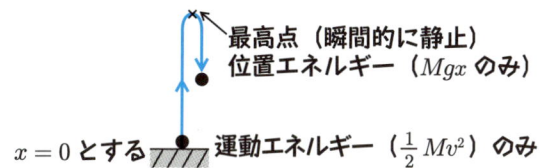

☐ **1.13** $20°\text{C}$ の水 $1\,\text{kg}$，$30°\text{C}$ の水 $500\,\text{g}$，$50°\text{C}$ の水 $2\,\text{kg}$ を一緒にした．水は何 $°\text{C}$ になったか．下図を参考にして計算せよ．

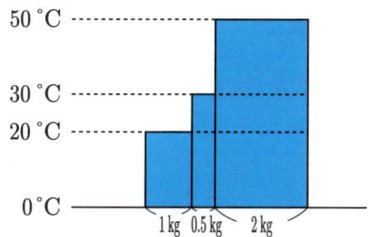

☐ **1.14** $20°\text{C}$ の水 $1\,\text{kg}$ の中に，$100°\text{C}$ に熱した鉄 $1\,\text{kg}$ と，やはり $100°\text{C}$ に熱した鉛 $1\,\text{kg}$ を入れる．全体が等しい温度になったとき，それらは何 $°\text{C}$ になっているか．ただし容器から熱は逃げないとする（水の比熱は $1\,\text{cal}/$度$\cdot\text{g}$，鉄の比熱は $0.11\,\text{cal}/$度$\cdot\text{g}$，鉛の比熱は $0.03\,\text{cal}/$度$\cdot\text{g}$ として計算せよ）．

ヒント：答えを $X\,°\text{C}$ とすると，たとえば水は $(X - 20)$ 度分の内部エネルギーが増加（$X > 20$ ならば）したことになる．$X$ を使って内部エネルギーが保存するという式を書き，$X$ を求めよ．

□**1.15** 鉛の小球をいくつかまとめて 10 m 落下させる．落下したときの衝撃によりこの小球は熱くなった．エネルギーが外部には出ていっていないとすると，鉛の温度は何度上がるか．落下したものが水だったらどうなるか．

**解説**：ジュールは，滝の上下での水温の違いを測定して，熱と力学的エネルギーの関係を求めようとした逸話が残っているが，この問題の答えからわかるように，この試みはうまくいかない．鉛の小球の場合（パチンコ球ようのなもの）では，密閉したプラスチック管（たとえば 2 m 程度）の中に入れ，管をさかさまにして球を落下させることを繰り返せば，実際に温度変化を測定することができる．電気的に作動する温度計を使うと実験が容易になる．

□**1.16** 海中で石が落下している．石には水の抵抗力が働き，等速で落下している．このときの全体のエネルギー保存則，および石についてのエネルギーと仕事の関係はどのように表現されるか（上空から空気中を落下してくる雨粒の場合にも同じ表現ができる）．

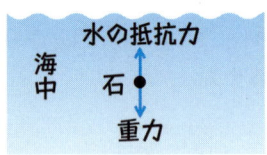

□**1.17** 鉛の原子量は約 207 である．比熱を 0.0306 cal/度・g，アボガドロ数 $N_A$ を $6.02 \times 10^{23}$，ボルツマン定数 $k$ を $1.38 \times 10^{-23}$ J/度として，1 原子当たりの比熱が $k$ の何倍になるかを求めよ．

---

**復習問題の解答**

① 運動，② 位置，③ （力学的）エネルギー保存則，④ 仕事，⑤ 減る，⑥ 逆，⑦ プラス，⑧ 内部，⑨ 高温，⑩ 低温，⑪ 熱（の伝達），⑫ 摩擦，⑬ 仕事，⑭ 熱平衡，⑮ 平衡，⑯ 3，⑰ デュロン–プティの法則，⑱ 自由度，⑲ 等分配則

# 第2章

# 熱機関から熱力学第2法則へ

　理想気体というものを例にとって，熱力学の基本的な考え方を説明する．気体の性質は状態方程式（体積，圧力，温度の間の関係式）とエネルギー（比熱）の式によって表される．これらを使って，膨張と収縮，熱の伝達と，状態の変化との間の関係を議論する．断熱過程，等温過程，準静過程，可逆（不可逆）過程などの概念を理解しよう．熱機関とは，これらのプロセスを使って熱を動力（仕事）に転換する装置だが，その効率をいかに上げるかという問題意識の中から，熱力学第2法則という不思議な法則が見えてくる．

- 理想気体の状態方程式
- 理想気体の内部エネルギー
- 膨張と収縮
- 準静等温過程
- 準静断熱過程
- オットーサイクル
- 実用の熱機関
- カルノーサイクル
- カルノーサイクルの逆過程
- 熱力学第2法則
- 熱機関の最大効率

# 2.1 理想気体の状態方程式

　気体については，以前から下記の2つの法則が経験上の事実として知られていた（ただし厳密に成り立つわけではなく，希薄であるほど正しい．これらの法則が厳密に成り立つ仮想上の気体を**理想気体**と呼ぶ）．

**ボイルの法則**：温度が一定のとき，圧力と体積は反比例する．
**シャルルの法則**（あるいはシャルル-ゲーリュサックの法則）：圧力が一定のとき，体積は温度変化に比例した量だけ増減する．

　まず，シャルルの法則の意味から説明しておこう．温めて温度を上げると気体は膨張するという当然のことだが，圧力を一定に保つという状況を考えている．気体の圧力を一定に保つには，仕切りとなる移動可能な壁を，一定の力で押しておけばよい．

　気体の圧力（$P$ と記す）とは，気体が壁に及ぼす力の，単位面積当たりの大きさである（下図左）．仕切りの面積を $S$ とすれば，仕切りの壁は大きさ $PS$ の力を受ける．それが，外から加える力 $F$ とつり合っていれば

$$PS = F$$

したがって $F$ が一定ならば $P\left(=\frac{F}{S}\right)$ も一定に保たれる．または下図右のように，自由に動く容器のふたにおもりを載せて，一定の力を気体に与えてもよい．

　このような $P$ が一定の状況で気体を温めたり冷やしたりすると，体積は温度の変化に比例した量だけ増減するというのがシャルルの法則である．つまり横軸が温度，縦軸が体積のグラフにすると直線になる（右ページの図）．

　冷やしていくと気体はある温度で液体になる（液化）．しかし仮に気体状態がずっと続くとしてグラフを左へ延ばすと，ある温度で体積はゼロになる．こうなる温度は（理想気体と近似するならば）どの気体でも同じであり，図に示

## 2.1 理想気体の状態方程式

したように $-273.15\,°\mathrm{C}$ である。この温度のことを**絶対零度**と呼ぶ。これ以上低い温度は考えられないという意味である。極低温で物体内の分子の動きがすべて止まった状態と考えればよい。

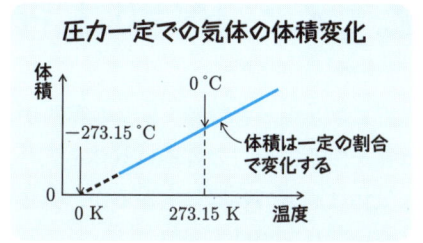

**圧力一定での気体の体積変化**

絶対零度を 0 とし、摂氏（°C）と同じ間隔で目盛りを決めた温度を**絶対温度**といい、単位は K（ケルヴィン）で表す。

$$\text{絶対温度 (K)} = \text{摂氏温度(°C)} + 273.15$$

たとえば $0\,°\mathrm{C}$ は $273.15\,\mathrm{K}$ である。以下、単に温度といえば絶対温度を意味する。また、これまで温度差は度で表したが、以後 K で表すことにする。

シャルルの法則が成り立てば、気体の体積 $V$ は絶対温度（$T$ と記す）に比例する。またボイルの法則によれば体積は圧力 $P$ に反比例する。また、体積は分子数（$N$ と記す）にも比例するだろう（温度や圧力が同じでも分子数が 2 倍になれば体積も 2 倍になる）。したがって何らかの定数 $k$ を使って

$$V = \frac{kNT}{P} \tag{1}$$

と書けるだろう。これを**理想気体の状態方程式**と呼ぶ。気体の状態を表す量（体積、温度、圧力）の間の関係式という意味である。また、この式により定義される比例係数 $k$ が、1.9 項で導入した**ボルツマン定数**である。

式 (1) では分子数によって気体の量（**物質量**という）を表したが

$$\text{アボガドロ数：} \quad N_\mathrm{A} = 6.022\cdots \times 10^{23}$$

という数（水素 1g 中の水素原子数にほぼ等しい）の何倍かということで気体の量を表すこともある。それを**モル数**といい、ここでは $m$ と記す。

$$\text{モル数：} \quad m \equiv \frac{N}{N_\mathrm{A}} (= \text{粒子数} \div \text{アボガドロ数})$$

これを使って式 (1) を書き換えると、$kN = m(N_\mathrm{A}k)$ より

$$VP = mRT. \quad \text{ただし} \quad R = N_\mathrm{A}k = 8.315\cdots \mathrm{J/K\cdot モル} \tag{2}$$

となる。$R$ を**気体定数**という。

# 2.2 理想気体の内部エネルギー

**内部エネルギーと体積** 2つの容器が，栓が付いた管でつながっている．最初は栓を閉じ，片方の容器に気体を入れ，他方の容器は真空にする．栓を開けると気体は両方の容器に広がるが，気体の温度は変化しない（ただし厳密な話ではない．以下の話も参照）．

これもジュールによって初めて行われた実験である．このプロセスで，気体は外部から仕事も熱も受けていない（このような膨張を**自由膨張**という）．したがって内部エネルギーは変化していない．つまりこの実験は，気体の温度は体積には無関係で，内部エネルギーのみで決まることを示している．逆にいえば，内部エネルギーは温度で決まり，体積には依存しないということである．

**理想気体とは** 気体の内部エネルギーが体積に依存しないという法則は，前項のボイルの法則，シャルルの法則と同じく厳密には成り立たない．少し難しい話になるが，もしボイルの法則，シャルルの法則が厳密に成り立っていれば，つまり理想気体ならば，内部エネルギーが温度だけで決まることが証明できる．

内部エネルギーが体積に依存しないということは，分子間の距離が変わっても内部エネルギーは変わらないことを意味する．これは気体内では分子はほとんど力を及ぼし合わず，自由に動き回っているということである．もし分子間に働く力が無視できなければ，その力により分子間の距離に依存する位置エネルギーが生じるので，内部エネルギーに変化が生じたはずだからである．

つまり理想気体とは，分子が互いに影響を与え合わずに自由に動き回っている気体である．実際の気体も希薄ならば，ほぼ理想気体であると考えてよい．

**気体のモル比熱** では，温度を変えると内部エネルギーはどのように変わるだろうか．それを実験によって調べるには，気体の比熱を測定すればよい．

物質 1g を 1K（1度）上げるのに必要な熱が比熱である（1.6項）．しかし同じ質量で比較するのではなく，原子・分子数を同じにして比較したほうが意味があると1.9項で説明した．そこで1モルの気体の温度を1Kだけ上げるのに必要な熱を考えよう．これを（定積）**モル比熱**という．定積とは体積を一定に保つという意味である．体積を増やして圧力を一定に保つ定圧モル比熱という量もあるが，体積が変化すると熱ばかりでなく仕事が関係してしまうので，定

積モル比熱の場合のほうが基本的な量である．

1モルとはアボガドロ数 $N_A$ だけの粒子数である．1.9項では，1粒子当たりの熱容量をボルツマン定数 $k$ を単位にして示したが，1モルの場合，それにアボガドロ数を掛けることになるので，気体定数 $R\,(=N_A k)$ を単位にしてモル比熱を表す．

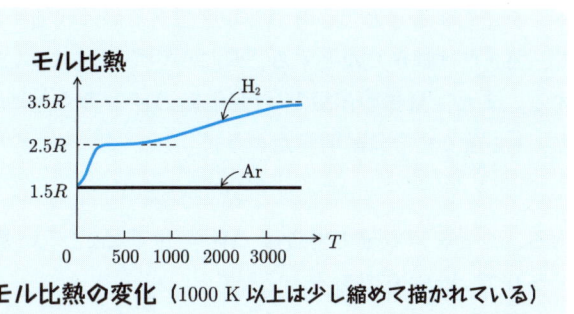

**$H_2$ と Ar のモル比熱の変化**（1000 K 以上は少し縮めて描かれている）

上のグラフは，アルゴンと水素のモル比熱の温度依存性の概略図である．アルゴンは**単原子分子**である．つまり原子が一つ一つ単独で動き回っている（ヘリウムやネオンも同様）．一方，水素は $H_2$ だから **2原子分子**という．それぞれのモル比熱の特徴は

アルゴン：すべての温度で $1.5R$

水素分子：極低温で $1.5R$ だがすぐに $2.5R$ に上昇し，さらに $3.5R$ に向けて増加する．

1.9項で説明した等分配則をもとに，これらの結果を考えてみよう．理想気体だとすれば分子間の力は考える必要はなく，個々の分子の運動だけを考慮する．

単原子分子理想気体の場合，空間内を動くという運動（**並進運動**という）があるが，それには縦，横，高さの独立した3つの方向ある．その3つの自由度が1粒子では $\frac{k}{2}$ ずつ，モル単位で考えれば $\frac{R}{2}$ ずつ比熱に寄与すると考えれば，アルゴンの $\frac{R}{2} \times 3 = 1.5R$ という結果は説明できる．

2原子分子理想気体の場合，3つの並進運動の他に，分子の回転，振動という運動がある．水素分子では 100 K 前後から2つの回転運動（7.3項参照）の効果が現れ始め，振動は 1000 K 以上の高温で現れると考えれば上のグラフが理解できるが，詳しい説明は第7章で行う．

# 2.3 膨張と収縮

気体のさまざまなプロセスにおける状態の変化やエネルギーの出入りを考えてみよう．この項の議論では，気体が理想気体である必要はない．

気体を入れた容器の一方がピストンになっており（右ページの図を参照），ピストンを左右することにより気体が膨張あるいは収縮する．ピストンを力 $F$ で押し，$\Delta x$ だけ動かしたとする．$F$ についても $x$ についても，右方向をプラスとする．また，気体の体積 $V$ の変化を $\Delta V$ と書く．ピストンの面積を $S$ とすると，1.4項ですでに説明したように

$$\Delta V = -S\Delta x$$

である．たとえば収縮の場合は $\Delta V < 0$ で $\Delta x > 0$．膨張の場合はその逆で，$\Delta V > 0$ で $\Delta x < 0$ である．そして

$$\text{ピストンが気体に対して行った仕事} = F \times \Delta x = -\frac{F}{S}\Delta V \qquad (1)$$

である．膨張の場合はピストンが行った仕事はマイナスになる．つまりピストンが気体からプラスの仕事を受けている．

$F$ の大きさについて考えよう．気体の圧力を $P$ とする．これは膨張あるいは収縮の過程で変化するが，最初はその変化が無視できるほど微小な膨張・収縮を考える．圧力とは単位面積当たりに働く力のことだから，ピストン全体としては静止状態では気体から $PS$ の力を受けている．気体を収縮させるにはそれ以上の力でピストンを押し込まなければならないから

$$\text{収縮の場合} \qquad \frac{F}{S} \geqq P \qquad (2)$$

膨張の場合は逆である．

$$\text{膨張の場合} \qquad \frac{F}{S} \leqq P \qquad (3)$$

つまりピストンを右向きの力 $F$ で押し込もうとしても，気体の圧力のほうが大きいとピストンは左に動き気体は膨張するという状況である．

ここで**準静過程**という概念を導入する．準静とは，ほとんど静止状態のまま変化させるということだが，要するにピストンを無限にゆっくりと動かすので，各瞬間に気体は平衡状態になっていることを意味する．もしピストンがある速度で動いていれば，気体には多少なりとも乱れが生じるだろう．体積の変化の

## 2.3 膨張と収縮

$F \geqq PS$：ピストンは右に移動（収縮）
$F \leqq PS$：ピストンは左に移動（膨張）

影響が気体全体に伝わるのに多少の時間がかかるからである．そのような乱れが無視できるほどゆっくり変化させるプロセスが準静過程である．理想的にはピストンが無限にゆっくりと動かなければならないので，力はつり合っていなければならない．つまり膨張の場合にも収縮の場合にも，式 (2) や式 (3) で等号が成り立つ．したがって式 (1) は次のように書ける．

準静過程： ピストンが気体に対して行った仕事 $= -P\Delta V$ \hfill (4)

**熱の出入り**　膨張や収縮の過程では，ピストンによる仕事だけではなく，熱の出入りもありうる．2つの極端なケースとして，断熱過程と等温過程が重要である．

断熱とは熱を伝えないという意味であり，**断熱過程**とは膨張・収縮のときで熱の出入りがないプロセスである．容器（ピストンを含む）が熱を伝えにくい素材（断熱材）からできており，考えているプロセスが起きている時間内では熱はほとんど伝わらない場合である．以下で議論するように，断熱過程では気体の温度は変化する．

また**等温過程**とは，膨張・収縮のとき温度は変わらないプロセスである．温度をある値に保つために，容器全体を，その温度をもつ大きなもので囲む．囲んだものを一般に**熱浴**という．容器は熱を通しやすい材質とする．温度が少しでも変わると熱浴との間に熱の伝達が起こり，温度が元の値に戻されるという場合である．

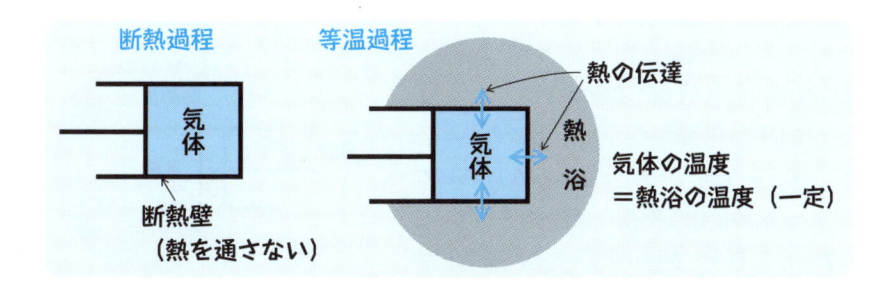

# 2.4 準静等温過程

気体の膨張・収縮のプロセスについて，さまざまなタイプがあることを説明した．これから特に重要になるのは，準静な断熱過程と等温過程である．断熱の場合も等温の場合も，準静膨張過程と準静収縮過程は真逆の関係にある．どちらも $\frac{F}{S} = P$ であり，各時点で気体は平衡状態にあるので，一方は他方のプロセスを正確に逆にたどっていることになる．このような過程を逆行可能という意味で**可逆**という．$\frac{F}{S} = P$ ではないすべての過程は**不可逆**である．

**注** プロセスの途中のすべての段階で気体が平衡状態にあり温度が一定ならば，それは**準静等温過程**である．単に等温過程といった場合には，プロセスの最初と最後のみが温度が等しい過程も含むものとする（本によって定義は変わるが）． ○

以下では話を具体的にするために，気体は理想気体であるとする．つまり状態方程式 $PV = mRT$ が成り立ち，内部エネルギーは温度だけで決まる（体積にはよらない…2.2 項参照）．

力を加えて理想気体を準静的に等温で収縮させることを考える．つまり周囲を熱浴で囲み，気体の温度を一定に保つ．圧力は体積に反比例して増える．

$$P = \frac{mRT}{V} \tag{1}$$

エネルギーの収支を考えよう．熱力学第 1 法則は（力学的エネルギーは一定だとして）1.6 項より

　　　　内部エネルギーの増加
　　　　　＝ 外力が気体に対して行った仕事 ＋ 外部から伝わった熱

であった．外力は気体を圧縮するのだから，気体に対してプラスの仕事をしている．しかし温度は変化しないのだから，気体の内部エネルギーは変わらない．よって上記の式より，外部からのマイナスの熱の伝達，つまり外部への熱の放出がなければならない．気体は仕事を受けて温度が上昇してしまうところを，周囲の熱浴への熱を放出することにより，温度を一定に保つのである．

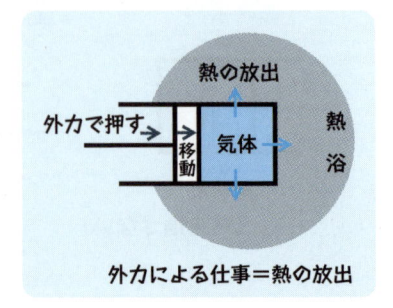

## 2.4 準静等温過程

**課題** (準静等温過程での仕事と熱の計算) $m$ モル, 温度 $T$ の理想気体を, $V_1$ から $V_2$ まで, 準静的に等温で収縮させたとする. そのときの「外力が行った仕事」と「外部から伝わった熱」を求めよ.

**考え方** 準静収縮過程では体積が $\Delta V$ ($<0$) だけ変化したとき, 前項式 (4) より

$$\text{外力が行った仕事} = -P\Delta V = -\frac{mRT}{V}\Delta V\ (>0) \tag{2}$$

となる (式 (1) も使った). これを足し合わせるのだが, 仕事は $V$ によって変化するので積分計算をしなければならない.

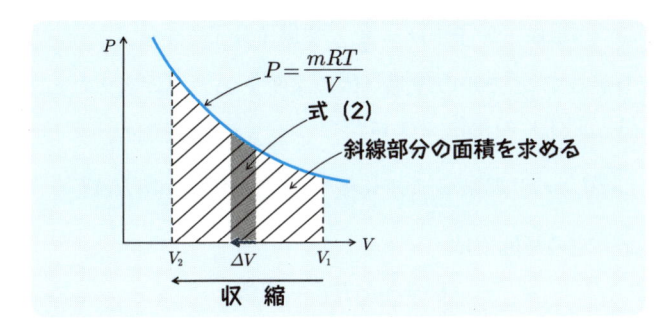

**解答** 式 (2) より

$$\begin{aligned}\text{外力が行った仕事の合計} &= -\int_{V_1}^{V_2} \frac{mRT}{V} dV \\ &= -mRT(\log V_2 - \log V_1)\end{aligned} \tag{3}$$

(下の注を参照). このままを答えにしてもよいが, 対数関数の性質を使えば

$$\text{上式} = -mRT \log \frac{V_2}{V_1}$$

となる. $\log x$ は $x>1$ ならばプラス, $x<1$ ならばマイナスなので, 収縮 ($V_2 < V_1$) ならば仕事の合計はプラスである. また, 上式にマイナスを付けたものが, 外部から伝わった熱に等しい. これはマイナスだから, 熱は実際は気体から外部に伝わっていることがわかる.

**注** $\frac{1}{x}$ の積分が $\log x$, また $\log x - \log y = \log \frac{x}{y}$. 熱・統計力学では指数・対数関数が頻繁に出てくる. それらに関係した公式は付録 A にまとめてあるので, なれていない人は見ていただきたい (たとえば式 (A16) と式 (A12)). ○

# 2.5 準静断熱過程

次に，**準静断熱過程**を考える．断熱過程で気体の体積が変わると温度が変化するので，状態方程式だけからは圧力の変化がわからない．内部エネルギーが具体的にどのように変化するかという情報を使わなければならない．

内部エネルギーの変化は比熱からわかる．理想気体の比熱は 2.2 項で説明した．温度によって変わるが，かなり広い範囲でほぼ一定である．モル比熱を $\alpha R$ と書いたとすれば常温付近ではほぼ

$$\text{単原子分子：} \alpha = \tfrac{3}{2}, \quad \text{2 原子分子：} \alpha = \tfrac{5}{2}$$

である．したがって $m$ モルの理想気体の温度を $\Delta T$ だけ変えたとき，内部エネルギー（$U$ と記す）の変化 $\Delta U$ は

$$\Delta U = \text{モル数} \times \text{モル比熱} \times \text{温度変化} = m\alpha R \Delta T \tag{1}$$

となる．$\alpha$ が一定の範囲では

$$U = m\alpha R T + \text{定数} \tag{1'}$$

と書いてもよい．「定数」は，モル数 $m$ に比例するが温度によらない数であり，気体によって異なる．

断熱過程では熱の出入りはないので，外力が行う仕事の分だけ内部エネルギーが増える．準静過程では体積が $\Delta V$ だけ変化したときの仕事は前項式 (2) で与えられる．これが内部エネルギーの変化，式 (1) に等しいということから

$$-\tfrac{mRT}{V}\Delta V = m\alpha R \Delta T$$

これより $\tfrac{\Delta T}{\Delta V} = -\tfrac{T}{\alpha V}$．左辺は微小な変化の比率を表している．つまり微分に他ならず

$$\frac{dT}{dV} = -\frac{T}{\alpha V} \tag{2}$$

である．これが準静断熱過程での状態の変化を決める基本的な方程式である．

> **課題 1**（準静断熱過程での状態の変化） (a) 理想気体の準静断熱過程での $T$ と $V$ の関係は $T = AV^n$（$A$ と $n$ は定数）という形であると仮定して，式 (2) から $n$ を求めよ． (b) 体積と圧力の関係を求め，等温過程と比較せよ．

## 2.5 準静断熱過程

**解答** (a) 式 (2) の左辺は $\frac{dT}{dV} = nAV^{n-1}$
また右辺は $-\frac{T}{\alpha V} = -\frac{1}{\alpha} AV^{n-1}$

これが等しいためには $n = -\frac{1}{\alpha}$ でなければならない．結局 $TV^{1/\alpha} = A$（一定）ということである．$A$ は状況に応じて決まる定数である．

(b) $TV^{1/\alpha}$ が一定であることは，状態方程式を使って書き換えれば

$$TV^{1/\alpha} \propto (PV)V^{1/\alpha} = PV^{(1/\alpha)+1} = 一定$$

左ページの値より，常温では $\frac{1}{\alpha}+1$ は単原子分子では $\frac{5}{3}$，2原子分子では $\frac{7}{5}$ である．上式より

$$P \propto V^{-\{(1/\alpha)+1\}}$$

等温過程の場合は $P \propto V^{-1}$ であった．体積が増えると圧力が減るという点では同じだが，等温過程では，熱の出入りによりエネルギーが一定に保たれるので，圧力の変化は少ない．

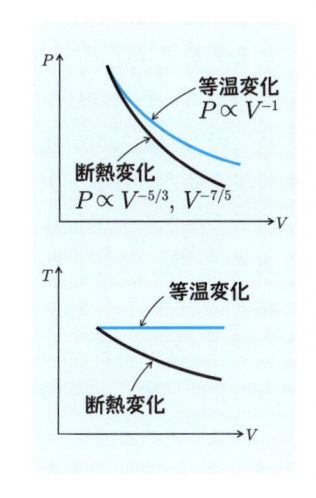

---

**課題 2**（準静断熱過程での仕事） $m$ モル，温度 $T_1$，体積 $V_1$ の理想気体を体積 $V_2$ まで，外力を与えながら準静断熱過程で収縮させた．
(a) そのときの温度 $T_2$ を求めよ． (b) 外力が行った仕事を求めよ．

**解答** (a) 課題 1 の (a) より $TV^{1/\alpha}$ が一定なのだから

$$T_1 V_1^{1/\alpha} = T_2 V_2^{1/\alpha} \quad \Rightarrow \quad T_2 = T_1 \left(\frac{V_1}{V_2}\right)^{1/\alpha}$$

(b) 断熱とは熱の伝達がないということだから，仕事は内部エネルギーの増加に等しい．そして内部エネルギーは温度で決まるのだから，温度の変化から答えがわかる．つまり

$$\begin{aligned}
外力が行った仕事 &= 内部エネルギーの変化 \\
&= m\alpha R(T_2 - T_1) \\
&= m\alpha R T_1 \left\{\left(\frac{V_1}{V_2}\right)^{1/\alpha} - 1\right\}
\end{aligned}$$

もちろん前項と同様に，仕事（$-P\Delta V$）を積分してもよい．

# 2.6 オットーサイクル

　気体に熱を伝えて膨張させる．そのとき気体がピストンを動かせば，その仕事は外に伝達され，何かを動かすことができる．これを動力源にするには，このプロセスを繰り返すためにピストンの位置を元に戻さなければならない．しかしそのために必要な仕事が，最初に外部に対して行った仕事よりも小さくなければ，動力源としての意味がない．

　元に戻すときの仕事を少なくするには気体を冷やせばよい．冷やせば圧力が減るので，小さな力で気体を収縮させることができる．そしてこのプロセスを繰り返せば，熱によって仕事をえるという動力源になる．このような装置を一般に**熱機関**といい，気体が膨張を始めてから収縮して元に戻るまでの一連のプロセスを**サイクル**と呼ぶ．

**オットーサイクル**　具体例を考えよう．高温物体（温度 $T_H$），低温物体（温度 $T_L$），そしてピストンの付いた容器に入った理想気体 $m$ モルを用意する．そして次の4つのプロセスを繰り返す．

**第1段階（定積での加熱）**　気体が体積 $V_1$，温度 $T_1$ である状態から始める．ただし $T_1$ は第4段階の終りの温度である（$T_H > T_1 > T_L$）．高温物体に接触させ，体積 $V_1$ のまま（体積一定＝定積），温度を $T_H$ まで上げる．この過程で高温物体から気体に伝わった熱を $Q_1$ とする．定積なので仕事はない．

**第2段階（断熱膨張）**　気体を体積が $V_2$ になるまで断熱膨張させる．このときの温度を $T_2(>T_L)$，この過程で気体が外部に対して行った仕事を $W_2$ とする．

**第3段階（定積での冷却）**　気体を低温物体に接触させ，体積 $V_2$ のまま温度を $T_L$ まで下げる．この過程で気体から低温物体に伝わった熱を $Q_3$ とする．

**第4段階（断熱収縮）**　気体を断熱収縮させ元の $V_1$ に戻す．このときの温度が最初の温度 $T_1$ である．この過程で気体が外部から受けた仕事を $W_4$ とする．これで1サイクルが終了である．実際にエネルギーが伝わる方向を考えて，$W_1, W_3, Q_2, Q_4$ がすべてプラスになるように定義している．

**注**　このサイクルはガソリンエンジンのモデル化であり，**オットーサイクル**と呼ばれる．オットーはこのようなエンジンを最初に実用化した人物．詳しくは次項参照．○

## 2.6 オットーサイクル

**オットーサイクルでの温度変化**

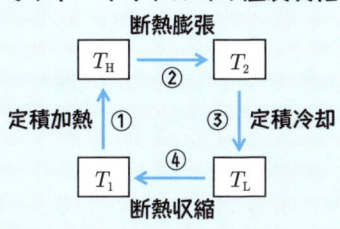

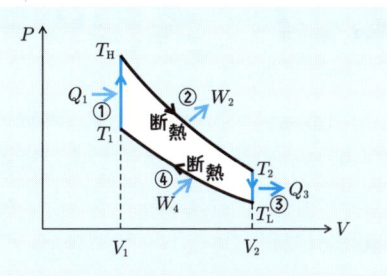

断熱膨張
$T_H$ → ② → $T_2$
定積加熱 ① ③ 定積冷却
$T_1$ ← ④ ← $T_L$
断熱収縮

> **課題** このサイクルで $T_H, T_L, V_1$ および $V_2$ が与えられているとする．そのときの他の量，$T_1, T_2, Q_1, W_2, Q_3, W_4$ を求めよ．
>
> **考え方** 断熱過程では $TV^{1/\alpha} = $ 一定 であることを使う．
>
> **解答** 第2段階は断熱過程だから $T_2 = T_H(\frac{V_1}{V_2})^{1/\alpha}$．したがって
> $$W_2 = \Delta U = m\alpha R(T_H - T_2) = m\alpha R T_H\{1 - (\frac{V_1}{V_2})^{1/\alpha}\}$$
> 第3段階では，$Q_3 = \Delta U = m\alpha R(T_2 - T_L) = m\alpha R\{T_H(\frac{V_1}{V_2})^{1/\alpha} - T_L\}$
> 第4段階は断熱過程だから $T_1 = T_L(\frac{V_2}{V_1})^{1/\alpha}$．したがって
> $$W_4 = m\alpha R(T_1 - T_L) = m\alpha R T_L\{(\frac{V_2}{V_1})^{1/\alpha} - 1\}$$
> 第1段階では，$Q_1 = m\alpha R(T_H - T_1) = m\alpha R\{T_H - T_L(\frac{V_2}{V_1})^{1/\alpha}\}$

この気体は，高温物体から熱 $Q_1$ を与えられ，差引き $W_2 - W_4$ の仕事を外部に対して行い，エネルギー $Q_3$ を低温物体に捨て，元の状態に戻る．$Q_1$ に対する $W_2 - W_4$ の割合が大きいほど，この熱機関は役立つことになる．この割合を**熱効率**（あるいは単に**効率**）といい，$\eta$（ギリシャ文字のエータ）と書く．

$$\text{熱効率 } \eta = \frac{\text{外部にした差引きの仕事}}{\text{与えられた熱}}$$

上の課題の結果を使ってこの熱機関の効率を計算すると（少しややこしいが）

$$\eta = \frac{W_2 - W_4}{Q_1} = 1 - (\frac{V_1}{V_2})^{1/\alpha} \tag{1}$$

となる．$T_2 > T_L$ という条件があるので，解答の1行目より $(\frac{V_1}{V_2})^{1/\alpha} > \frac{T_L}{T_H}$ であり，上記の $\eta$ は $1 - \frac{T_L}{T_H}$ 以上にすることはできない．

# 2.7 実用の熱機関

　前項あるいは次項で紹介する熱機関は，熱力学の説明のための理論上のものである．その話の流れからいえば脱線になるが，この項では現実に利用されている熱機関と，理論上のサイクルとの関係を説明しておこう．

**火花点火機関（オットーサイクル）**　通常のガソリンエンジンである．2行程のものと4行程のものがあるが，ここでは4行程のものを紹介しよう．

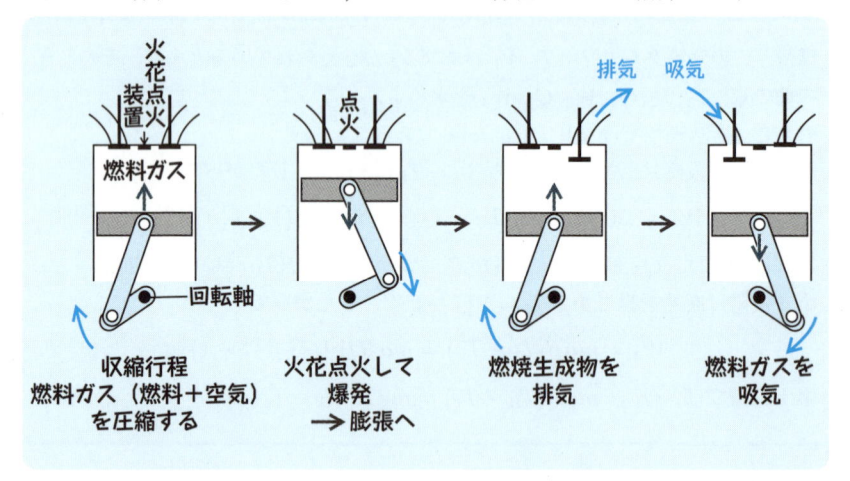

　この4行程を理論化したものが前項のオットーサイクルである．収縮行程が断熱収縮（第4段階）に対応し，点火してほとんど瞬間的に燃焼（爆発）する段階が「定積での加熱」になる．そして断熱膨張が起こり，その後，排気してから吸気して元の（収縮行程前の）体積に戻るが，その間は弁が開いていてピストンはほとんど仕事をしないので，排気と吸気を合わせて「定積での冷却」と同じことになる．

**圧縮点火機関（ディーゼルサイクル）**　ディーゼルエンジンがこれに相当するので，**ディーゼルサイクル**と呼ばれる．ガソリンエンジンでは火花により点火して瞬間的に燃料ガスを燃焼させるが，ここでは圧縮して高温になった空気の中に燃料を噴射し自動発火させる．噴射をしばらく続け，膨張しながらの燃焼が続く．その間，圧力はほぼ一定である．つまり上記の火花点火では瞬間的な定積過程だった部分が，定圧膨張過程になる．他の行程は変わらないとすれば，

## 2.7 実用の熱機関

**ディーゼルサイクル**

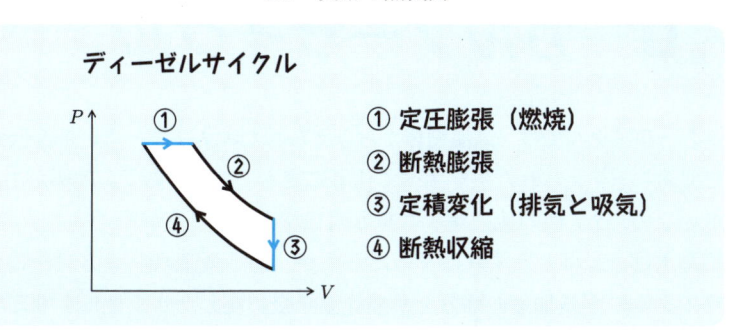

① 定圧膨張（燃焼）
② 断熱膨張
③ 定積変化（排気と吸気）
④ 断熱収縮

全体としては上図のようになる．

**ガスタービン（ブレイトンサイクル）**　オットーサイクルの一つの定積過程を定圧過程にしたのがディーゼルサイクルだが，2つとも定圧過程にしたものを**ブレイトンサイクル**という．これはガスタービンの理論上のモデルになる．

右図下では，タービンを通った気体は排気しているが，それを冷却して圧縮機に戻す場合もある．あるいはこの気体が空気ではなく水蒸気の場合は，液体（水）に戻してから（復水），加熱器に入れて気化させタービンに送り，また水に戻すというサイクルが考えられる．これが通常の発電所で行われていることである．

加熱や冷却の部分を定圧過程と考えればブレイトンサイクルになるが，ここが等温膨張あるいは等温収縮と近似できれば，次項のカルノーサイクルに近いものになる．

また，オットーサイクルの断熱過程の部分を等温過程に変えたものを**スターリングサイクル**という（章末問題 2.17）．それに相当するスターリングエンジンというものも研究はされているが実用化はされていない．

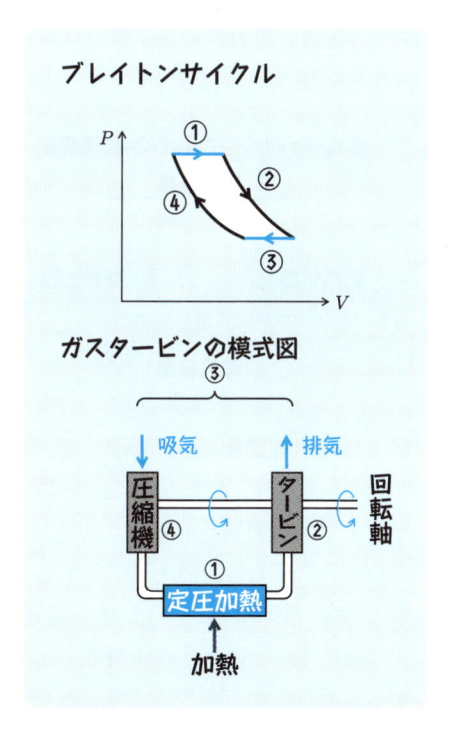

**ブレイトンサイクル**

**ガスタービンの模式図**

# 2.8 カルノーサイクル

　オットーサイクルでは，高温物体から与えられたエネルギーの一部を低温物体に捨てており，与えられた熱をすべて仕事に変えていないので，効率が100%になっていない．2.7項の他のサイクルも同様である．

　効率を上げるにはどうすればよいだろうか．19世紀初頭，カルノーは，オットーサイクルの定積加熱の部分を準静等温膨張に変えたサイクルを考えた．膨張させればその分，仕事が増え，効率が大きくなる可能性がある．定積冷却の部分は準静等温収縮に変える．

**カルノーサイクルの4段階**　高温物体（温度 $T_H$）と低温物体（温度 $T_L$），そしてピストン付きの容器に入った理想気体を用意するという部分は2.6項の話と同じである．また，すべてのプロセスは準静的であるとする（オットーサイクルの定積加熱・冷却は，外部と気体の温度が違うので準静変化にはなりえない）．体積と圧力の関係を描けば，以下のグラフのようになる．下の説明を読みながら見ていただきたい．

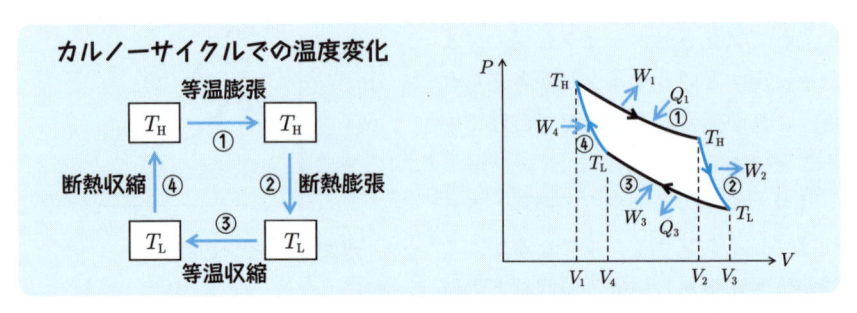

**第1段階（等温膨張）**　気体の温度が $T_H$ になっている時点から始める．そのときの体積を $V_1$ とする．高温物体をこの気体に接触させたまま，体積が $V_2$ になるまで等温膨張させる．この過程で気体が外部にした仕事を $W_1$，高温物体から気体に伝わった熱を $Q_1$ とする．

**第2段階（断熱膨張）**　気体を高温物体から離し，断熱膨張させ，温度を $T_L$ まで下げる．そのときの体積を $V_3$，この過程で気体が外部にした仕事を $W_2$ とする．断熱だから熱の出入りはない．

## 2.8 カルノーサイクル

**第3段階（等温収縮）** 低温物体をその気体に接触させたまま，体積 $V_4$ まで収縮させる．この過程で気体が外部から受けた仕事を $W_3$，気体から低温物体に伝わった熱を $Q_3$ とする．

**第4段階（断熱収縮）** 気体を低温物体から離し，断熱収縮させ，温度を $T_H$ まで上げ，体積を $V_1$ に戻す．この過程で気体が外部から受けた仕事を $W_4$ とする．断熱だから熱の出入りはない．

---

**課題1** $V_3$ と $V_4$ は，$T_H, T_L, V_1, V_2$ によって決まることを示せ．

**考え方** $V_3, V_4$ は断熱過程により，それぞれ $V_2, V_1$ とつながっていることを使う．断熱過程では $TV^{1/\alpha} = $ 一定 である．

**解答** $V_3$ は，$V_2$ からの断熱膨張の結果だから

$$T_H V_2^{1/\alpha} = T_L V_3^{1/\alpha} \quad \Rightarrow \quad V_3^{1/\alpha} = \tfrac{T_H}{T_L} V_2^{1/\alpha}$$

$V_4$ は断熱収縮によって $V_1$ になるのだから，上と同様にして

$$V_4^{1/\alpha} = \tfrac{T_H}{T_L} V_1^{1/\alpha}$$

---

**課題2** カルノーサイクルの効率 $\eta$（$\eta_C$ と書く）を求めよ．

**考え方** 課題1より，$\frac{V_3}{V_4} = \frac{V_2}{V_1}$ になることに注意．

**解答** 第1段階と第3段階は等温過程なので一般に $Q = W$ であり，2.4項課題より

$$Q_1 = W_1 = mRT_H \log \tfrac{V_2}{V_1}$$
$$Q_3 = W_3 = mRT_L \log \tfrac{V_3}{V_4} = mRT_L \log \tfrac{V_2}{V_1}$$

第2段階と第4段階はどちらも温度 $T_H$ と $T_L$ の間の断熱過程だから，仕事は差引きゼロ（2.5項課題2(b)）．結局，全体の仕事は差引き $W_1 - W_3$ であり

$$\eta_C = \tfrac{W_1 - W_3}{Q_1} = 1 - \tfrac{T_L}{T_H}$$

---

この効率（**カルノー効率**という）は少なくとも，オットーサイクルの効率より大きい．しかし 1 にはなっていない．実は，これ以上の効率は不可能であることが，次項以降の議論によってわかる．

# 2.9 カルノーサイクルの逆過程

　一般の熱機関でのエネルギーの出入りを模式的に描くと下図のようになる．まず，高温物質（温度 $T_H$）と低温物質（温度 $T_L$）があり，さらに作業物質がある．作業物質はこれまでは理想気体だったが，何であっても構わない．

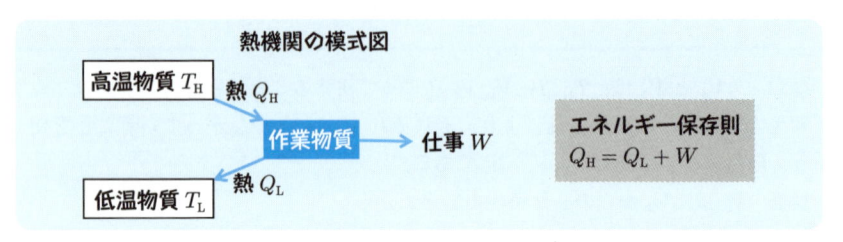

**熱機関の模式図**

高温物質 $T_H$ → 熱 $Q_H$ → 作業物質 → 仕事 $W$
作業物質 → 熱 $Q_L$ → 低温物質 $T_L$

エネルギー保存則
$Q_H = Q_L + W$

　作業物質は，途中でさまざまな変化をするが，結局は元の状態に戻るというサイクルを繰り返す．そしてそのサイクル全体で，高温物質から熱 $Q_H$ を吸収し，低温物質に熱 $Q_L$ を放出する．$Q_H > Q_L$ である．作業物質自体がもつエネルギーは最終的には元に戻るので，$Q_H - Q_L (> 0)$ 分のエネルギーが外部に仕事 $W$ として放出される．どれだけの熱 $Q_H$ を使って仕事 $W$ をえたか，その比率が効率 $\eta$ であった．

$$\eta = \frac{W}{Q_H} = \frac{Q_H - Q_L}{Q_H} = 1 - \frac{Q_L}{Q_H} \tag{1}$$

これは一般的に成り立つ式だが，特にカルノーサイクルの場合，$\eta$ は両熱源（高温物質と低温物質）の温度で決まり次のようであった．

$$\eta_C = 1 - \frac{T_L}{T_H} \tag{2}$$

**冷却機関**　カルノーサイクルの特徴は，それが可逆過程（準静断熱過程と準静等温過程）のみから構成されていることである．したがって，すべてのプロセスを逆行させれば，上図とは逆のエネルギーの流れができる．
　すなわち，作業物質に仕事 $W$ を与えたとき，低温物質から $Q_L$ の熱が吸収され，高温物質に $Q_H$ の熱が供給される．低温物質がさらに冷たくなるので，これは**冷却機関**である（高温側をさらに熱くするという意味では暖房である）．
　たとえば冷蔵庫の場合，低温物質とは冷蔵庫の中の空気，高温物質とは部屋の空気であり，作業物質は冷蔵庫の冷却装置の中の物質である（以前はフロン

### 冷却機関の模式図

高温物質（熱せられる）← 熱 $Q_H$ ← 作業物質 ← 仕事 $W$

低温物質（冷やされる）← 熱 $Q_L$　仕事をすれば熱を低温側から高温側に移せる．

エネルギー保存則
$Q_H = Q_L + W$

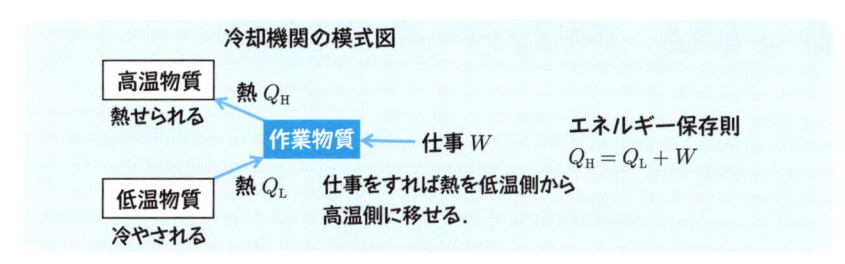

ガスが使われたが，最近はイソブタンなど）．そして冷蔵庫に電力を供給することで（仕事 $W$ に相当），冷蔵庫内の空気を冷やすことができる．

冷却機関では**冷却効率**（**成績係数**ともいう）が問題になる．これは与えた仕事に対する，低温物質から奪った熱の比率として定義され，一般に

$$\eta(\text{冷却効率}) = \frac{Q_L}{W} = \frac{Q_L}{Q_H - Q_L}$$

である．この冷却機関がカルノーサイクルを逆行させたものである場合には，$\frac{Q_L}{Q_H} = \frac{T_L}{T_H}$ であることを使えば

$$\eta(\text{冷却効率}) = \frac{T_L}{T_H - T_L}$$

> **課題** 室内の温度が 25°C，室外の温度が 30°C だったとする．1 分当たり 5000 モルの空気（1 室程度の空気の量）の 1 K 分のエネルギーを室内から奪うのに，逆カルノーサイクルでは何 W の電力が必要か．
> **考え方** 空気のモル比熱は $2.5R \fallingdotseq 20\,\text{J/K}\cdot\text{モル}$ とする．
> **解答** 奪うべき熱は，1 秒当たりでは $20 \times 5000 \div 60 \fallingdotseq 1.7 \times 10^3$ (J/s)．冷却効率は $\frac{298}{303-298} \fallingdotseq 60$．したがって，必要な電力は $1.7 \times 10^3 \div 60 \fallingdotseq 28$ (W)

**エアコン**　通常のエアコンでは，低温で蒸発する物質を使い，室内で蒸発させて周囲から気化熱（5.2 項参照）を奪って冷却し，気体となったものを室外で圧縮して液化して冷やし，また室内に戻すというプロセスを繰り返す．冷却効率は 3〜4 程度である．効率が悪い理由の一つは，循環する物質の温度が，室内では室内温度よりもかなり低く，室外では室外温度よりもかなり高いことである．そうでないと熱の伝達が迅速に行われない．つまり熱の出入りは等温過程ではない．また気体を迅速に圧縮しなければならないので，そこでも準静過程ではなくなっている．これもプロセスを迅速に進行させるために必要なことである．

## 2.10 熱力学第2法則

熱源の温度 $T_H$ と $T_L$ が決まっているとき，冷却効率は原理的にどこまであげられるだろうか．仕事をせずに（$W=0$）冷却ができれば冷却効率は無限大になるが，これは低温物体から何もせずに高温物体にエネルギーを移せるということである．しかし温度の違う物体を接触させたとき，熱は高温側から低温側に移動するというのは常識であり，逆が起こるとは考えにくい．

また，熱機関の熱効率はどこまであげられるだろうか．熱効率が100％（$\eta = 1$）の熱機関というのも考えにくい．$\eta = 1$ とは低温物質のほうに熱を放出しなくても仕事を取り出せるということである．つまり熱機関には温度が違う2つの物質は必要なく，内部エネルギーをもっている物体さえ存在すれば仕事を取り出せることを意味する．この世界に存在するものはすべて内部エネルギーをもっているのだから，もしこんなことが可能ならば人類はエネルギーについて悩む必要はまったくなくなる．このような（仮想の）機関は**第2種の永久機関**と名が付けられているが，現実に存在するとは思えない．

**注** 第1種の永久機関とは，内部エネルギーさえなくても仕事を取り出せる，つまりエネルギー保存則（熱力学第1法則）に反する機関のことで，これはもちろんありえない．第2種の永久機関が存在しうるかどうかはこれよりもはるかに難しい問題だが，これも不可能であると考えられる理由を以下で論じる． ◯

自然界で起こるとは思えないという上記の2つの主張は，人の名前が付いた原理として知られている．

**クラウジウスの原理**：仕事をまったくせずに低温物体から高温物体に熱を伝えることはできない（つまり冷却効率無限大の冷却機関はできない）．

**トムソンの原理**：伝えられた熱を，影響を何も残さずにすべて仕事に転換することはできない（熱効率100％の熱機関はできない．すなわち第2種の永久機関はできない）．

**注** トムソンは，絶対温度の単位Kにその名が使われているケルヴィン卿と同一人物．19世紀末の代表的な物理学者で，英米間の海底ケーブルの敷設を指導したことなどにより，英国政府から爵位を与えられてケルヴィン卿と呼ばれるようになった． ◯

## 2.10 熱力学第2法則

実は上記の2つの原理が同等であることが証明できる．

> **課題** (a) 仕事をせずに低温物体から高温物体に熱を伝えることできたとすると，トムソンの原理に反する現象が起こることを示せ．
> (b) 伝えられた熱を影響を何も残さずにすべて仕事に転換できたとすると，その仕事を冷却機関に使って，クラウジウスの原理に反する現象が起こることを示せ．
>
> **解答** (a) 低温物体から高温物体に熱を伝え，その熱を使って熱機関を働かせれば，高温物体に影響を何も残さずに低温物体の熱を仕事に変えたことになる．
> (b) 高温物体から伝えられた熱を仕事に転換し，その仕事を使って冷却機関を働かせて，低温物体から高温物体にエネルギーを移動させたとする．全体としては仕事は差引きゼロだから，エネルギー保存則から，低温物体から移動したエネルギーが高温物体にたまったことを意味する．つまり仕事なしで低温物体から高温物体に熱を伝えたことになる．

**不可逆な過程** いずれの原理を否定してももう一方の原理が否定されるということは，この2つの原理は同等だということである（数学の背理法）．この2つの原理は現象が進む方向性に関する主張である．クラウジウスの原理は，熱は高温側から低温側にのみ伝わると主張し，トムソンの原理は，熱をそっくり仕事に変えることはできないと主張する．この逆の，仕事をすべて熱にすることはできる．たとえば物をこすり合わせると，それによる仕事はすべて摩擦熱になる．しかし発生した摩擦熱が自然に集まってきて物体が動き出すことはない．これも自然現象が進む方向性の特徴である．

自然現象に時間的な方向性があるというのは，よく考えると不思議な話である．実際，内部エネルギーの増減が関係しない物体の運動には時間的な方向性がない．支えられていない物体は重力によって加速しながら落ちていくが，この運動の逆は，減速しながら上がっていく運動であり，実際にありえる運動である．内部エネルギーといっても，物体を構成する粒子がもつエネルギーであり，運動の基本法則にしたがっているはずである．なぜそれが絡むと時間的な方向性が出てくるのだろうか．

# 2.11 熱機関の最大効率

　熱力学では，時間の方向性が生じる根本原因については問わない（原因について議論するのが次章の統計力学である）．熱力学ではむしろ，方向性の一例であるクラウジウスの原理あるいはトムソンの原理を，**熱力学第 2 法則**として仮定し，それを出発点として議論を進める．この 2 つの原理は同等なので，どちらが第 2 法則であるといっても構わない．どちらも第 2 法則の正しい表現である．

　第 2 法則には他にも同等な表現がある．気体が詰まった容器と真空の容器を並べ，その間の仕切りを取り除くと，気体は自然に全体に広がる．これを**拡散**という．しかし拡散の逆は起こらない．実はこれも上記の 2 つの原理と同等である．

> **課題 1** 拡散の逆が可能，つまり「熱の伝達もなく仕事もせずに気体を収縮させられる」とすると，トムソンの原理に反する現象が起こることを示せ．
> **解答** まず理想気体に体積一定のまま熱を伝えて温度を上げる．次に，「熱も伝えず仕事もせずに収縮」させる．エネルギーは変わっていないのだから温度は変わらない．さらに，容器に付けたピストンを動かして，元の体積まで断熱膨張させる．気体は外部に対して仕事をし温度が下がる．収縮させたときの体積を（または最初に伝えられる熱の量を）うまく調整すれば，断熱膨張が終わった時点で元と同じ温度にさせることができる．結局，熱を 100%仕事に変えたことになる．

　熱力学第 2 法則は，下の，熱機関に関する法則とも同等である．そもそもこの問題に解答することが，熱力学の主要目的の一つであった．

　　**熱機関の効率に関する原理**：すべての可逆な熱機関の熱効率は等しく，
　　それ以上の熱効率をもつ熱機関は存在しない．

> **課題 2** カルノー効率 $\eta_C$ を上回る熱機関があったとすると，クラウジウスの原理に反する現象が起こることを示せ．
> **考え方** 右ページの図のようにカルノーサイクルを逆行させて冷却機関とし，問題の熱機関に続けて動かすことを考えよ．ただし高温物体と低温物体は共通のものを使う．

## 2.11 熱機関の最大効率

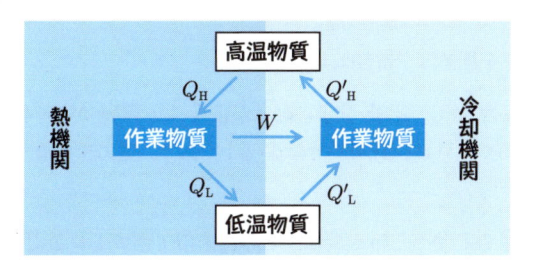

**解答** まず，問題の熱機関のほうを1サイクル動かしたときの生じる仕事 $W$ を使って，冷却機関（逆カルノーサイクル）を1サイクル動かす．つまり仕事は差引きゼロであり，外部には何も影響は残らない．

（ありえないことだが）問題の熱機関のほうが効率が大きいとする．

$$\frac{W}{Q_\text{H}} > \frac{W}{Q'_\text{H}} \tag{1}$$

ということなので，$Q_\text{H} < Q'_\text{H}$．したがって（$Q_\text{L} = Q_\text{H} - W$ などから）$Q_\text{L} < Q'_\text{L}$ でもある．つまり両方のサイクルが1回ずつ終わった時点で，低温物体からは $Q'_\text{L} - Q_\text{L}$ の熱が奪われ，高温物体に $Q'_\text{H} - Q_\text{H}$ の熱が与えられたことになり，他には何も変化は残っていない．しかしこれはクラウジウスの原理に反する．つまり問題の熱機関の効率のほうが大きい（式 (1)）ことはありえない．

クラウジウスの原理に反する現象が起これば，熱効率100%の熱機関が作られるのはすぐに証明できる（章末問題 2.20）．結局，左ページの熱効率に関する原理も，熱力学第2法則の正しい表現の一つであることがわかった（これらの原理は完全には同等ではないという議論もある．いずれにしろ本書での第2法則の最終版は次章で登場する）．

熱力学第2法則は不思議な法則である．熱力学第1法則はエネルギー保存則という概念を元にして理解することができた．それに対して第2法則のそれぞれの表現は特殊な現象に関する主張であり，その普遍的な意味が見えてこない．第2法則にも，普遍的な意味をもつ，エネルギー保存則のような数学的な表現ができないだろうか．これを可能にしたのがエントロピーという概念である．これは最初は熱を使って定義され，その後，統計力学によるまったく別の定義がなされた．熱を使った定義（3.6項で簡単に紹介する）は間接的なもので，エントロピー自体が何であるかはわからない．そこでこの本では，次章で統計力学による定義にとりかかることにする．

第2章　熱機関から熱力学第2法則へ

## ● 復習問題

以下の [ ] の中を埋めよ（解答は48ページ）．

□**2.1** [ ① ] とは，すべての原子・分子の動きが止まった（動きが最小限のものになった）状態の温度である．これは摂氏でいえば [ ② ] であり，逆に摂氏0度（0°C）は [ ③ ] である．

□**2.2** 何かの粒子の [ ④ ] という量は，その粒子のアボガドロ数だけの量である．アボガドロ数は約 $6 \times$ [ ⑤ ] である．

□**2.3** $PV = mRT$ という関係を満たす仮想上の気体を [ ⑥ ] という．この式で，$P$ は圧力，$V$ は体積，$m$ は [ ⑦ ]，$T$ は [ ⑧ ] 温度，そして $R$ は [ ⑨ ] と呼ばれる比例定数であり，約 $8.32\,\mathrm{J/K}$ モルである．

□**2.4** 物質のモル比熱は，分子の運動の自由度1つ当たり $\frac{R}{2}$ である，というのがエネルギーの [ ⑩ ] である．しかし十分に高温にならないと起こらない運動もある．単原子分子気体の場合，運動の自由度として縦，横，高さの3方向への動きを考えるとモル比熱は [ ⑪ ] になり，2原子分子気体の場合には，分子の回転運動を加えて，常温ではモル比熱は約 [ ⑫ ] になる．

□**2.5** [ ⑬ ] とは，物質を平衡状態に保ったままゆっくりと変化させるプロセスである．また [ ⑭ ] とは外部との熱の出入りがないまま体積を増減させるプロセスであり，[ ⑮ ] とは，体積は増減するが，外部との熱の出入りにより温度が一定に保たれるプロセスである．

□**2.6** 準静過程で，圧力 $P$ の物質（気体）の体積が $\Delta V$ だけ増えたとき，外力がその物質にした仕事は [ ⑯ ] である．この仕事がプラスになるのは，この物質が [ ⑰ ] する場合である．

□**2.7** 熱機関とは，熱の出入り，仕事のやり取りをしながら変化を繰り返し，その変化が一巡して元の状態に戻ったとき，差引きでは [ ⑱ ] を吸収し，その分のエネルギーを [ ⑲ ] として外部に与えているものである．

□**2.8** 熱機関が吸収する熱を $Q_\mathrm{H}$，放出する熱を $Q_\mathrm{L}$ とすれば，エネルギー保存則より，熱機関がした仕事 $W$ は [ ⑳ ] に等しい．また比率 [ ㉑ ] $= 1 - \frac{Q_\mathrm{L}}{Q_\mathrm{H}}$ を，この熱機関の [ ㉒ ] という．

## 章末問題

☐ **2.9** カルノーサイクルは，すべてが [ ㉓ ] 過程から構成されている熱機関であるという点で特別な熱機関である．逆方向に働かせることができ，そうすると [ ㉔ ] となる．

☐ **2.10** クラウジウスの原理によれば，仕事をまったくせずに [ ㉕ ] 物体から [ ㉖ ] 物体に熱を伝えることはできない．仕事をしてこのことをするのが [ ㉗ ] 機関である．

☐ **2.11** トムソンの原理によれば，何も影響を残さずに伝えられた [ ㉘ ] をすべて [ ㉙ ] に転換することはできない．[ ㉙ ] をすべて [ ㉘ ] に転換することはできる．

☐ **2.12** 可逆な過程のみから構成される熱機関の熱効率はすべて等しく，それ以上の熱効率をもつ熱機関は存在しないことが，[ ㉚ ] から証明できる．

## ● 応用問題

☐ **2.13** 0°C，1気圧，1モルの理想気体の体積は約 22.4 L である．気体定数 $R$ を求めよ（すべて SI 単位系に換算して計算する．気圧の単位は SI 単位系では Pa（パスカル）である．1気圧は 101325 Pa = 1013.25 hPa（ヘクトパスカル）に等しい．ヘクトとは 100 倍ということ）．

☐ **2.14** モル比熱（定積モル比熱）が $\alpha R$ である理想気体を，圧力一定に保ったまた温度を 1 K 上げるには，どれだけのエネルギーが必要か．

**ヒント**：定圧モル比熱を求める問題である．温度を上げると圧力が大きくなってしまうので，圧力を一定に保つには体積を増やさなければならない．つまり定圧モル比熱は，定積モル比熱に，気体が体積を増やすために外部に対して行った仕事を加えたものである．仕事 $P\Delta V$ を，状態方程式を使って温度変化 $\Delta T$ で表す．

☐ **2.15** $\log 2 \fallingdotseq 0.693$, $\log 3 \fallingdotseq 1.099$, $\log 10 \fallingdotseq 2.303$ を使って次の値を求めよ．
 (a) $\log 6$ (b) $\log 9$ (c) $\log 1000$
 (d) $\log 3{,}000{,}000$ (e) $\log 5$ (f) $\log 1.5$

☐ **2.16** 1気圧，100 L，300 K の単原子分子理想気体について，次の問に答えよ．ただし 1 気圧は $10^5$ Pa だとして計算せよ．
 (a) 断熱容器に入れ，2 気圧の圧力をかけて一気に 80 L に圧縮した．最終的な温度を求めよ．
 (b) 断熱容器に入れ，気体と同じ圧力で少しずつ（つまり準静的に）圧縮し，80 L にした．最終的な温度を求めよ．

(c) 熱を通す容器に入れ，2気圧の圧力で 80 L に圧縮し，その体積のまま 300 K に冷やした．放出した熱を求めよ．

(d) 熱を通す容器に入れ，温度を 300 K に保ちながら少しずつ（つまり準静的に）圧縮し，体積を 80 L にした．放出した熱を求めよ．

☐ **2.17** オットーサイクル（2.6 項参照）の 断熱膨張／収縮 を 等温膨張／収縮 に変えた熱機関を考える．$PV$ 図は下のように描ける．$Q_1 \sim Q_4, W_2, W_4$ を求め，熱効率を計算せよ．また，熱効率はカルノー効率よりも小さいことを示せ（このサイクルを**スターリングサイクル**という）．（ただし解答最後の注も参照．）

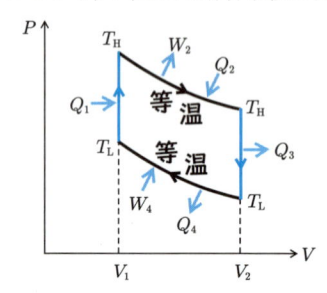

☐ **2.18** 2.9 項の冷却機関を暖房装置（ヒートポンプともいう）とみなしたとき，その成績効率は，高温側に放出された熱の，仕事に対する割合である．逆カルノーサイクルのときの成績効率を求めよ．

☐ **2.19** トムソンの原理に反する現象が起こると，拡散の逆が可能になることを示せ（2.11 項課題 1 参照）．

☐ **2.20** クラウジウスの原理に反する現象が起こると，熱効率 100% の熱機関が作れることを示せ（2.11 項課題 2 参照）．

---

**復習問題の解答**

① 絶対零度（0 K），② −273.15 °C，③ 273.15 K，④ 1 モル，⑤ $10^{23}$，⑥ 理想気体，⑦ モル数，⑧ 絶対，⑨ 気体定数，⑩ 等分配則，⑪ $\frac{3R}{2}$，⑫ $\frac{5R}{2}$，⑬ 準静過程，⑭ 断熱過程，⑮ 等温過程，⑯ $-P\Delta V$，⑰ 収縮，⑱ 熱，⑲ 仕事，⑳ $Q_H - Q_L$，㉑ $\frac{W}{Q_H}$，㉒ 熱効率（効率），㉓ 可逆，㉔ 冷却機関（または暖房装置），㉕ 低温，㉖ 高温，㉗ 冷却，㉘ 熱，㉙ 仕事，㉚ 熱力学第 2 法則（またはクラウジウスの原理）

# 第3章

# エントロピー
## ——確率的な見方

　気体の中では各分子は勝手に動いているにもかかわらず，全体としては分子の分布はほとんど一様である．このことは確率の計算によって説明できる．同様に，膨大な分子があるときに全エネルギーがどのように分配されるかを確率的に計算しようとする学問が統計力学である．同じ体積，同じエネルギー，同じ圧力をもった状態でも，原子・分子のレベルから見るとさまざまな異なる状態（微視的状態）がある．この状態の数の対数として，エントロピーという量を導入する．熱力学第2法則はエントロピー非減少の法則として解釈される．

- 粒子の分配
- 粒子数が膨大なときの確率分布
- 平衡状態と揺らぎ
- 微視的状態数
- エネルギー分配の計算
- 統計力学でのエントロピーと温度
- 理想気体のエントロピー
- エントロピー非減少の法則
- 応用

# 3.1 粒子の分配

容器の中に粒子が1つだけあるとする．それは容器の中を自由に，そしてでたらめに動き回っており，各時刻で容器の左半分にあるか右半分にあるか，まったくわからない．しかし，左右どちらにあるか，その確率は$\frac{1}{2}$ずつだったとしよう．確率$\frac{1}{2}$とは，何度も繰り返し観察したとき，その粒子が左側に発見されるか，右側に発見されるか，その回数の割合が半分ずつだということである．

一般に確率の計算は**場合の数**を数えることによって行われる．粒子1つのときは，「左側にある」，「右側にある」という2つの場合があり，それらが同じように出現するので，それぞれは$\frac{1}{2}$ずつの確率である．

次に，このような粒子が2つあったとしよう（下図参照）．どちらもでたらめに動き回っている．また，2粒子は力を及ぼしあっておらず，相手の動きに何の影響も与えないとする．理想気体の分子のような状況である．

この2粒子は，どちらも左側にある状態，どちらも右側にある状態，そして左右に1つずつ分かれる状態の3通りの可能性があるが，どれもが同じように出現するわけではない．1つずつ分かれるときは，1番目の粒子が左側にある場合と，2番目の粒子が左側にある場合があるからである．このとき，場合の数が2であるという．このように全部で4通りの場合に分けて考えると，それぞれが同じように出現しうるので，確率がえられる．それぞれの場合の数を全体の数（ここでは4）で割ったものが確率である．1つずつに分かれるケースがもっとも確率が大きいが，圧倒的に大きいわけではない．片側にかたよる可能性も大いにある．

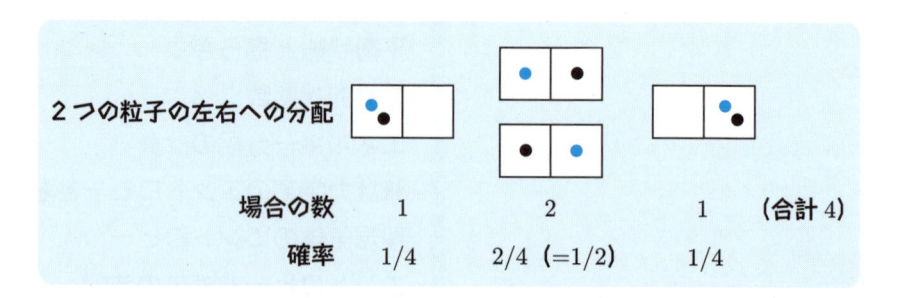

| 2つの粒子の左右への分配 | | | | |
|---|---|---|---|---|
| 場合の数 | 1 | 2 | 1 | （合計 4） |
| 確率 | 1/4 | 2/4 (=1/2) | 1/4 | |

## 3.1 粒子の分配

次に,このような粒子が $N$ 個あったとする. $n$ 個が左側,残りが右側にあるという状態の場合の数を勘定しよう.まず,左側には1つもない ($n=0$) という場合の数は1である.次に,左側に1つだけある ($n=1$) という状態は,その1つは $N$ 個の粒子のうちのどれでもかまわないので,$N$ 通りの場合がある.つまり場合の数は $N$ である.

一般の,左側 $n$ 個という状態に対する場合の数は,$N$ 個のうちから $n$ 個を選び出す場合の数を勘定すればよく,数学ではそれを $_N\mathrm{C}_n$ という記号で書く.具体的には

$$_N\mathrm{C}_n = \frac{(N-1)(N-2)\cdots(N-n+1)}{n(n-1)(n-2)\cdots 1} \tag{1}$$

これは階乗 $n!(=n(n-1)(n-2)\cdots 1)$ という記号を使って書くと

$$_N\mathrm{C}_n = \frac{N!}{(N-n)!\,n!} \tag{2}$$

と書ける ($\frac{N!}{(N-n)!}$ が式 (1) の分子に相当する). $n=0$ のときは式 (1) は意味をなさないが,階乗という記号は $0! = 1$ と定義されており,式 (2) のほうを使えばよい.具体的に $N=10$ の場合にいくつか計算すると

$\boldsymbol{n=0}$ (式 (2) より)$_{10}\mathrm{C}_0 = \frac{10!}{10!\,0!} = 1$

$\boldsymbol{n=1}$ (以下,式 (1) より)$_{10}\mathrm{C}_1 = \frac{10}{1} = 10$

$\boldsymbol{n=2}$ $\quad _{10}\mathrm{C}_2 = \frac{10 \cdot 9}{2 \cdot 1} = 45$

$n$ が大きくなると急速に大きくなり,たとえば

$\boldsymbol{n=5}$ $\quad _{10}\mathrm{C}_5 = \frac{10 \cdot 9 \cdot 8 \cdot 7 \cdot 6}{5 \cdot 4 \cdot 3 \cdot 2 \cdot 1} = 252$

$n$ がこれ以上の場合は改めて計算する必要はない.たとえば左側8個,右側2個の状態の場合の数は左側2個,右側8個の状態と同じなので ($_{10}\mathrm{C}_8 = {_{10}\mathrm{C}_2}$)

$\boldsymbol{n=8}$ $\quad n=2$ での結果より 45

これらを表にすると下のようになる.

| 左側の数 | 0 | 1 | 2 | 3 | 4 | 5 | 6 | 7 | 8 | 9 | 10 |
|---|---|---|---|---|---|---|---|---|---|---|---|
| 場合の数 | 1 | 10 | 45 | 120 | 210 | 252 | 210 | 120 | 45 | 10 | 1 |

## 3.2 粒子数が膨大なときの確率分布

前項では，全粒子数が 2 のケースと 10 のケースで，左右への分かれ方を調べた．それらをグラフにすると下のようになる．

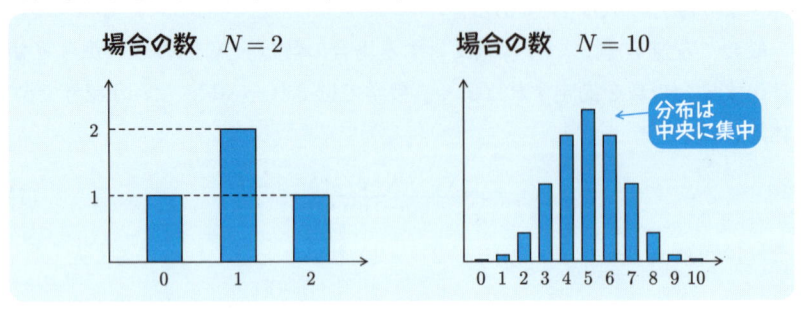

**場合の数　$N = 2$**

**場合の数　$N = 10$** ← 分布は中央に集中

$N = 10$ のほうが，分布が中央に集中している．つまり粒子が左右に均等に分かれる可能性が大きい．$N$ がさらに大きくなればこの傾向はさらに強くなると予想される．

実際の空気では $N$ は 10 の何十乗といった膨大な数である．たとえば常温，1 気圧の気体の場合，$1\,\mathrm{m}^3$ 中の分子数は 10 の 25 乗個の程度．そのようなケースで $_N\mathrm{C}_n$ を公式通りに計算するのは不可能である．しかし $n$ を変えたときに $_N\mathrm{C}_n$ がどのように振る舞うのか，その傾向は，階乗に対するスターリングの公式というものを使って知ることができる．それでも計算はかなり複雑なので付録 B に記すことにし，ここでは結果だけを示そう．

結果を個数 $n$ ではなく割合 $r$ を使って表す．すなわち

$$r\,(\text{左側にある粒子の割合}) = \frac{n}{N}$$

左側に粒子がなければ $r = 0$，すべてが左側にあれば $r = 1$ であり，一般の場合，$r$ は 0 と 1 の間の何らかの数である．

そして $P(r)$ を，「左側にある粒子の割合が $r$ になる確率」とすれば

$$P(r) \propto 10^{-aN(r-0.5)^2} \tag{1}$$

である（$a$ は定数で，約 0.87）．この比例式の比例係数は，確率の合計が 1 になるという条件で決めればよいが，ここでは必要はない．

式 (1) のグラフは右のページに示すが，特徴は 2 つある．

[1] $r = 0.5$ で最大になる．
[2] $r = 0.5$ からずれると，急速に減少する．

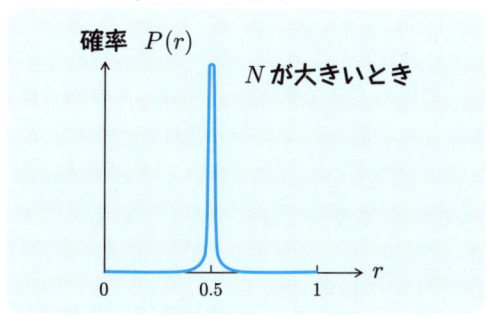

確率 $P(r)$

$N$ が大きいとき

0    0.5    1    $r$

　解説をしよう．式 (1) で 10 の指数（肩に乗っている部分）にはマイナスが付いている．$10^{-x}$ とは $\frac{1}{10^x}$ ということだから，$x \geqq 0$ ならば $x = 0$ のときに最大になる．$x = 0$ とは $r = 0.5$ のことであり，つまり粒子が半数ずつ，左右に分かれている状態である．

　$N$ は，10 の何十乗といった膨大な数だとしよう．それでも $r$ が正確に 0.5 ならば式 (1) の指数は 0 なので，右辺は 1 である（$10^0 = 1$）．しかし $r$ が 0.5 から少しでもずれると指数はすぐに膨大な数になり，$P(r)$ はほとんど 0 になってしまう．つまり，グラフのピークの幅は非常に小さくなるはずである．

　ほとんどゼロになるといっても正確にゼロにはならないので，何をピークの幅とみなすかは曖昧である．1 つの目安として，最大値 1 の 10 分の 1 程度になる $r$ を求めてみよう．$10^{-x}$ が 10 分の 1 になるには $x = 1$ になればよい．式 (1) の場合，$a$ はほぼ 1 なので

$$N(r - 0.5)^2 = 1$$

となる $r$ を求めよう．この式を解けば

$$r = 0.5 \pm \frac{1}{\sqrt{N}} \tag{2}$$

である．つまり $P(r)$ のグラフのピークは，**$r = 0.5$ の左右**に $\frac{1}{\sqrt{N}}$ 程度の幅をもっているということである．

　たとえば $N = 10^{24}$ だったら，$\frac{1}{\sqrt{N}} = 10^{-12}$ である．つまり $P(r)$ のピークの幅はほとんどゼロであり，上のグラフはその意味では正しくない．ピークの幅は線の太さよりも狭い．つまり，粒子 1 つずつは勝手に動き回っているにもかかわらず，それらは極めて正確に，左右に半分ずつ分かれるのである．

## 3.3 平衡状態と揺らぎ

**平衡状態** 前項では，全体を左右半分に分けて考えた．しかし左右それぞれの中の粒子数も膨大だから，それをさらに2等分しても同じ議論ができる．つまり粒子数の割合はほとんど等しい．この分割は，それぞれに入っている粒子数が膨大とはいえないほど少なくなるまで続けることができる．つまり極端に小さな領域を考えない限り，粒子は一様に分布していると考えられる．

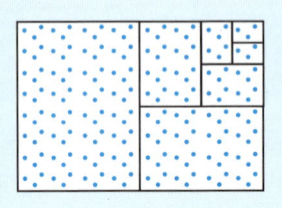

体積の等分割を繰り返しても，粒子数は（ほぼ）完全に等分される

> **課題1** 常温，1気圧の気体では，約 $6 \times 10^{23}$ 個の分子（1モル）が，22.4 L の体積を占めている．$1\,\text{mm}^3$ の領域を考えると，その中の分子数は，一様分布からどの程度ずれている可能性があるか．
> 
> **考え方** 前項最後の結論によれば，一様からのずれは $\pm\frac{1}{\sqrt{N}}$ 程度である．
> 
> **解答** $1\,\text{mm}^3$ 内に含まれる分子の平均的個数は（1 L は $10^6\,\text{mm}^3$）
> $$6 \times 10^{23} \times \left(\frac{1\,\text{mm}^3}{22.4\,\text{L}}\right)$$
> $$= \frac{6}{22.4} \times 10^{23} \div 10^6 = 2.7 \times 10^{16}$$
> これを $N$ とすると
> $$\frac{1}{\sqrt{N}} = 0.6 \times 10^{-8}$$
> これだけの割合で一様からずれている可能性がある（つまりほとんどずれない）．

実際，部屋の中の空気分子はほとんど一様に広がっている．部屋のどこかに分子がたくさん集まり，そこだけ気圧が高くなっているということはない．といっても分子一つ一つが，一様に分布しようとして動いているわけではない．むしろ，他の分子とは無関係に勝手に動き回っている．そして，勝手に動き回っているからこそ，全体として分子が一様に分布するのである．このように確率的考察によって決まる，ほとんど確実に実現する状態が（統計力学の意味での）

平衡状態である．

**平衡状態への移行**　状況が変われば平衡状態も変わる．たとえば容器の中に気体分子が通れない仕切りがある場合，その両側それぞれで一様である状態が平衡状態である．分子は仕切りを越えて移動できないなど，状況を決めている条件を**拘束条件**（あるいは**束縛条件**）という．全体の体積がある値 $V$ になっているという条件も，拘束条件の一種である．

拘束条件を変えると，新たな状況のもとでの平衡状態に向けての変化が起こる．たとえば，分子の移動をさまたげていた仕切りをはずせば，分子密度の大きいほうから小さいほうに向けての移動が起こる．そうなる確率のほうが圧倒的に大きいからである．これが 2.11 項で説明した拡散である．確率的な議論は，単に平衡状態そのものだけではなく，その状態に向けての変化が起こるということも意味する．

**揺らぎの個数**　気体分子が容器の左右どちらに存在するかという問題は，コインを投げたときに表になるか裏になるかという問題と同じである．どちらになるかはまったくわからず，その確率は $\frac{1}{2}$ ずつである．といっても，たとえば 1 万枚のコインを投げたとき，表裏が正確に 5000 枚ずつになるということでは決してない．枚数が増えるほど，表と裏の差は大きくなる．

> **課題 2**　$N$ 枚のコインを投げたとき，表裏の枚数の割合はほぼ半分ずつになるが，（$N$ が膨大な数のとき）前項式 (2) で表されるばらつきをもつ．枚数で考えると，これは何枚程度のばらつきを意味するか．
> 
> **解答**　前項式 (2) の関係は，枚数 $n$ で書き換えれば
> $$n = rN = \left(0.5 \pm \frac{1}{\sqrt{N}}\right) \times N$$
> $$= 0.5N \pm \sqrt{N}$$

たとえば $N = 10000$ だったら $\sqrt{N} = 100$ であり，半分からのずれ（**揺らぎ**という）の個数はかなり大きくなる．しかし $N$ 自体と比べればわずか 1% であり小さい．気体分子の場合，全体 $N$ が $10^{24}$ だったら，揺らぎ $\sqrt{N}$ は $10^{12}$ であり，1 と比べれば膨大だが $10^{24}$ と比べればほとんどゼロである．何と比較して膨大なのか，あるいはゼロなのか，注意する必要がある．

# 3.4 微視的状態数

気体の分子は一様に分布する．このように自然界には，膨大な原子・分子が集まったときに初めて現れる法則がある．気体が容器全体に広がろうとする（拡散）のは熱力学第 2 法則の一つの表現であることはすでに 2.11 項で説明したが，それが確率の議論で説明できるとしたら，第 2 法則のその他の原理も同じように確率の議論で説明できないだろうか．

熱の伝達という現象を考えてみよう．2 つの物体が接触しているとする．この物体は気体や液体でもよいが，両者を隔てる仕切りがあり物体間で粒子は移動しないとする．しかし境界（仕切りあるいは固体の場合は接触面）を通して熱が伝わる．左側の物体（物体 A）のエネルギーを $U_A$，右側の物体（物体 B）のエネルギーを $U_B$ とすると，それぞれは変化するが全エネルギーは一定である．

$$\text{全エネルギー}: U_A + U_B = U_0（一定）$$

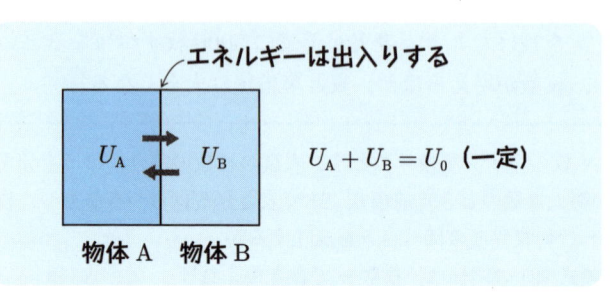

エネルギーは出入りする

$U_A$　$U_B$　　$U_A + U_B = U_0$ **(一定)**

物体 A　物体 B

前項までは，気体分子が容器内部を自由に動き回るという前提から話を始めた．ここでは，エネルギーは粒子の間を自由に移動するという前提から話を始める．エネルギーは各物体の中の粒子の間を自由に移動し，また，両物体の境界を通しても熱として自由に伝わるとする．

関心があるのは，全エネルギー $U_0$ が左右に $U_A$ と $U_B$ $(= U_0 - U_A)$，というように分配される確率である．そしてその確率は，分子数の分配の場合と同様に，「場合の数」に比例すると考える．「確率は場合の数に比例する」，これが統計力学という学問の基本原理である．

**注**　「場合の数」が確率に比例するというためには，すべての「場合」が同じよう

## 3.4 微視的状態数

に実現することが前提となる．これを**等重率の原理**という．この原理は極めて長時間を考えれば証明できるが，各時刻での物体の様子を判断するのに，このような前提で議論してよい理由は，まだよくわかっていない．しかし等重率の原理を使って展開する統計力学が成功したため，そして以下で示すように，統計力学が，熱力学第2法則が成立する理由をうまく説明したため，基本的に正しい原理であると信じられている．

○

エネルギーの分配を考えるとき,「場合の数」とは，$U_A$ を左側の物体内の粒子で分け合い，$U_B$ を右側の物体内の粒子で分け合う，その分け合い方の総数である．エネルギーは自由に移動できるとしているので，物体 A がもつエネルギーが $U_A$ だとしても，それが物体 A の中でどのように分配されるかはさまざまである．極端なケースとして，$U_A$ すべてが物体 A 内のある 1 つの粒子に集中していてもよいし，すべての粒子に均等に分配されていてもよい．また，理想気体でなければ，個々の粒子のエネルギー（運動エネルギーなど）ばかりでなく，互いの間に働く力に起因する位置エネルギーもある．当然，その位置エネルギーへのエネルギーの分配も考えなければならない．

**微視的状態数** そのような「場合の数」を具体的に求めるのは一般には難しい．ここでは抽象的に，エネルギーが $U_A, U_B$ と分配されたときの場合の数を，ギリシャ文字 $\rho$（ロー）を使って $\rho_{AB}(U_A, U_B)$ と書く．このような量を一般に**微視的状態数**と呼ぶ．微視的とは,「ミクロなレベル（原子・分子のレベル）まで詳しく物体の様子を見る」という意味である．つまり，エネルギーが 2 物体にどのように分配されるかは決まっても，ミクロに見ればさまざまな異なった**微視的状態**があるので，それらを区別して考えるということである．そのような状態の総数が微視的状態数であり，これが上で述べた「場合の数」である．

等重率の原理を信じれば，エネルギーが 2 物体 A, B にどのように分配されるか，その確率は微視的状態数 $\rho_{AB}(U_A, U_B)$ に比例する．たとえば A, B がまったく同一のものだったとしよう．すると，熱が伝わるならば両者の内部エネルギーは等しくなるはずだから，$U_A = U_B = \frac{U_0}{2}$ のときに $\rho_{AB}(U_A, U_B)$ が最大になるだろう．そしてさらに 3.2 項の分子数の分配と同様だとすれば，$U_A = U_B = \frac{U_0}{2}$ からずれたときの $\rho_{AB}(U_A, U_B)$ は急速にゼロに近づくだろう．粒子数を $N$ とすれば，エネルギーの比率（$= \frac{U_A}{U_0}$）の 0.5 からのずれは，たかだか $\frac{1}{\sqrt{N}}$ 程度だとも予想される．これらの予想について次項でさらに検討してみよう．

# 3.5 エネルギー分配の計算

必ずしも同じではない 2 物体が接触しているときの,両者の間でのエネルギーの分配を決める原理について考えよう.前項と同様に,この 2 つの物体を物体 A,物体 B とし,全エネルギーを $U_0$,それぞれのエネルギーを $U_A, U_B$ ($= U_0 - U_A$) と書く.エネルギーのやり取りはあるが,それぞれの体積や粒子数は変わらないとする.物体 A がエネルギー $U_A$ をもつときの微視的状態数を $\rho_A(U_A)$ と記す.$\rho_B(U_B)$ も同様.

両物体の間には,境界を通してエネルギーを伝え合うという関係しかないので,物体 A の微視的状態が何であっても,物体 B の微視的状態が何であるかは影響を受けないとする ($U_B$ が $U_A$ により決まることは別として).したがって物体 A と B に全エネルギーが $(U_A, U_B)$ のように分配されるときの微視的状態数 (つまり前項の $\rho_{AB}(U_A, U_B)$) は,物体 A が $U_A$ をもつときの微視的状態数 $\rho_A(U_A)$ と,物体 B が $U_B$ をもつときの微視的状態数 $\rho_B(U_B)$ の積である.つまり

$$\rho_{AB}(U_A, U_B) = \rho_A(U_A) \times \rho_B(U_B) \tag{1}$$

微視的状態数 $\rho(U)$ は一般に,エネルギー $U$ を増やすと増加する.物体全体のエネルギーが増えれば,それを各粒子に分配する仕方 (「場合の数」) も増えるからである.特に,粒子数 $N$ が大きいときには,その増え方は急激である.具体的には物体によって異なり計算は一般には難しいのだが,たとえば付録 C で解説する例や 3.7 項で取り上げる理想気体では,$U$ も $N$ も大きいとき

$$\rho(U) = K U^{cN} \tag{2}$$

という形になる.ただし $c$ は,物質によって異なる,1 程度の大きさをもつ定数である.比例係数を $K$ と書いた.通常の物体では粒子数 $N$ は $10^{23}$ といったレベルの大きさなのだから,$U$ が増えたときの $\rho$ の増加は極めて急激である.

式 (1) で $U_A$ を増やせば $\rho_A$ は急激に増加するが,そのときは逆に $U_B$ ($= U_0 - U_A$) が減少するので,$\rho_B$ は急激に減少する.したがって $\rho_{AB}(U_A, U_B)$ を最大にするには,$U_0$ を物体 A と B にうまく分配しなければならない.

$N$ が膨大だと式 (2) はあまりにも急激に変化する関数なのでグラフには表し

## 3.5 エネルギー分配の計算

にくい．このような関数は対数で考えるとわかりやすい．$\rho$ の対数をギリシャ文字 $\sigma$（シグマ）と書くと，式 (2) が成り立っている場合は

$$\sigma(U) \equiv \log \rho(U) = \log U^{cN} + \log K = cN \log U + 定数 \tag{3}$$

対数の性質は付録 A にまとめてあるが，ここでは $\log xy = \log x + \log y$，そして $\log x^n = n \log x$ という関係を使った（付録 A の式 (A7) と式 (A9)）．

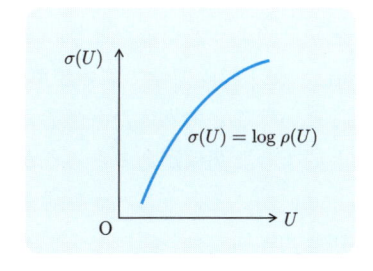

対数は急激に変化する関数を緩やかに変化する関数に変える．式 (3) の概形を右に示す．

対数を使って式 (1) を最大にするという問題を考えよう．対数関数は単調増加なので，$\rho$ を最大にするためにはその対数を最大にすればよい．

$$\begin{aligned}\sigma_{AB}(U_A, U_B) &\equiv \log \rho_{AB}(U_A, U_B) = \log \rho_A(U_A) + \log \rho_B(U_B) \\ &= \sigma_A(U_A) + \sigma_B(U_B) = \sigma_A(U_A) + \sigma_B(U_0 - U_A)\end{aligned} \tag{4}$$

なので，$\sigma_A + \sigma_B$ を最大にするという問題になる．$\sigma_A$ は $U_A$ とともに増大するが（式 (3)），$\sigma_B$ は $U_A$ が増えると逆に減少する．

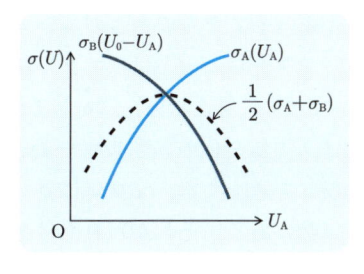

見やすいように，$\sigma_{AB}(U_A, U_B) = \sigma_A + \sigma_B$ を 2 で割った線を描いた．中央付近に最大になる位置がある．この位置が，確率が最大になるエネルギーの分配である．たとえば A と B が同じ物体ならば（つまり $\sigma_A(U_A)$ と $\sigma_B(U_B)$ が同じ関数ならば），ちょうど真ん中で最大値になる．

詳しい計算をすると，単に真ん中が最大というばかりでなく，$\rho$ のピークの幅は非常に小さい（$\frac{1}{\sqrt{N}}$ 程度）こともわかる．3.2 項の粒子の分配の場合と同様である．上の $\sigma$ のグラフではピークが幅広いように見えるが，対数は激しく変化する関数を緩やかな関数に変えてしまうためである．$\rho$ のグラフにすればピークの幅は極めて狭い．詳しい計算は付録 D に示し，ここでは以上のことを認めてもらって話を進めることにしよう．

## 3.6 統計力学でのエントロピーと温度

　統計力学では，微視的状態数（前項式 (1)）最大ということが，エネルギーの分配を決める基本的な条件であった．エネルギーが移動してエネルギーの分配がそのようになったとき，2 つの物体が熱平衡になるということである（1.8 項）．一方，熱力学でエネルギー分配を決める条件は，2 物体の温度が等しくなるということであった（熱力学第 0 法則 … 1.8 項）．ではこの 2 つの条件はどのような関係があるだろうか．これにはまず，統計力学的に見たときに温度とは何か，ということから考えなければならない．

**統計力学的エントロピー**　まず，（統計力学的）エントロピーという量 $S(U)$ を定義する（右ページ下の注意も参照）．これは実質的に，前項で使った微視的状態数の対数 $\sigma$ のことだが，比例係数を掛けて

$$\text{エントロピー：}\quad S(U) \equiv k \log \rho(U) \tag{1}$$

と定義する．$k$ はボルツマン定数（2.1 項）だが，この段階では単に，何らかの定数だと考えておけばよい．添え字をつけて $S_A(U_A)$ と書けば，物体 A がエネルギー $U_A$ をもつときのエントロピーという意味である．

　エントロピーとは，マクロな量（物体全体に対する量）のみを指定した状態（マクロに見た状態）に対して決まる量であることに注意しよう．マクロな量とは，物体全体のエネルギー $U$，体積 $V$，物質量（モル数 $m$ または粒子数 $N$）などを意味する．マクロに見た状態を決めても，それに対応する微視的状態は無数にある．それがどれだけあるかを対数で示したのが統計力学でのエントロピーである．よってエントロピーは $S(U, V, N)$ というように複数の変数の関数となるが，ここではエネルギーにのみ着目しているので単に $S(U)$ と書いた．

**統計力学的温度**　エネルギーの A, B への分配を決める条件は $\rho_{AB}(U_A, U_B)$ 最大ということだったが，前項でも $\sigma$ を使って示したように（前項式 (4)），それは $S_A(U_A) + S_B(U_B = U_0 - U_A)$ を最大にする $U_A$ を決めるということである．最大なのだからそこでの微分はゼロであり

$$\frac{d}{dU_A}\{S_A(U_A) + S_B(U_B)\} = 0 \tag{2}$$

となる．しかしこの形のままでは A と B が対等になっていないので，少し書

## 3.6 統計力学でのエントロピーと温度

き換える．合成関数の微分公式を使うと

$$\frac{dS_B(U_B)}{dU_A} = \frac{dU_B}{dU_A}\frac{dS_B(U_B)}{dU_B} = -\frac{dS_B(U_B)}{dU_B}$$

($U_B = U_0 - U_A$ なので $\frac{dU_B}{dU_A} = -1$)．これより，式 (2) は次のようになる．

$$\frac{dS_A}{dU_A} = \frac{dS_B}{dU_B} \tag{3}$$

この式は A と B が対等に書かれている非常に重要な関係式である．この式が成り立っていれば，物体 A と物体 B は熱平衡だということである．そして，もし温度 $T$ が，$\frac{dS}{dU}$ という式によって決まる量だとすれば，式 (3) は A と B の温度が等しいということを意味する．つまり統計力学でのエネルギー分配の原理と，熱力学での熱平衡の原理の間に関係がつく．

物体が内部エネルギー $U$ をもっているときの温度を，$\frac{dS}{dU}$ によって決めればよいことがわかった．といっても $\frac{dS}{dU}$ をそのまま温度とするわけにはいかない．そうすると，エネルギーが大きいほど温度が低いことになってしまう．実際，前項式 (2) が成り立っているとすると

$$S = kcN \log U + 定数 \tag{4}$$

となり，これを $U$ で微分すると $\frac{dS}{dU} \propto \frac{N}{U}$ だから，$U$ が大きいほど小さくなる．

統計力学では温度 $T$ を，$\frac{dS}{dU}$ の逆数で定義する．一般に，関数 $y = y(x)$ の微分 $\frac{dy}{dx}$ の逆数は，逆に $x$ を $y$ で微分したもの $\frac{dx}{dy}$ に等しいので

$$統計力学的温度： \quad T \equiv \left(\frac{dS}{dU}\right)^{-1} = \frac{dU}{dS} \tag{5}$$

次項でわかるように，この $T$ は第 2 章での理想気体で決めた絶対温度に等しい．また，$S$ は正確にはエネルギー $U$ ばかりでなく物体の体積 $V$ や粒子数 $N$ にも依存するので，式 (5) の微分は，$V$ や $N$ を定数とみなしたとき（つまり物体自体の大きさや粒子数を変えないとしたとき）の微分である．

式 (4) のように $S$ が $N \log U$ に比例する場合には，$\frac{dS}{dU}$ は $\frac{N}{U}$ に比例するので，$T$ はその逆数の $\frac{U}{N}$ に比例する．つまり 1 粒子当たりのエネルギーに比例するので，温度としてもっともらしい量になることにも注意（1.8 項参照）．

**注** 伝統的な熱力学では，可逆な熱機関での $\frac{Q_H}{Q_L} = \frac{T_H}{T_L}$ という関係からまず温度 $T$ を定義し，それから式 (5)（正確には 4.2 項式 (9)）によってエントロピー $S$ を定義する． ○

# 3.7 理想気体のエントロピー

　単原子分子理想気体のエントロピーを求めてみよう．そのためには，全エネルギー $U$ が与えられたときに可能な微視的状態の数を計算しなければならない．微視的状態とは，各気体分子の位置や速度まで指定した状態だが，ここで大きな問題が発生する．気体は容積 $V$ の容器内部に入っているとしよう．各分子の位置はその容器の内部だったらどこでもよい．位置は連続的に変われるので，その可能性は無限にあることになる．速度も同様で，運動エネルギーの和が気体の全エネルギーに等しい限りその大きさは自由なので，その可能性もやはり無限である．だとすれば，微視的状態数も無限大になってしまう．

　この問題は量子力学により解決する．量子力学によれば，有限の体積内に閉じ込められた粒子の状態はとびとびにしか変わらない（7.4 項も参照）．したがってエネルギーが限られていれば，可能な状態の総数は有限個になる．

　しかしエントロピーに関してここで必要な計算をするには，量子力学を持ち出す必要はない．位置に関しては，その可能性の数は当然，体積 $V$ に比例すると考えればよい．それぞれの分子に対して $V$ に比例するだけの可能性の数があるので，分子が $N$ 個あるときの可能性の数は，$V^N$ に比例する．

　速度の可能性も同様に考える．単原子分子理想気体では，内部エネルギー $U$ は，分子の運動エネルギーの合計である（厳密には分子固有のエネルギーも考える必要があるが，分子数が決まっている限り定数であり，必要ない限り無視して議論を進める）．$N$ 個の分子に 1 から番号を付け，$i$ 番目の分子の速度を $v_i$ とする．また分子の質量を $M$ とすると，全エネルギー $U$ は

$$\frac{M}{2}(v_1^2 + v_2^2 + \cdots + v_N^2) = U \tag{1}$$

ただし速度 $v_i$ はベクトルなので 3 成分 $(v_{ix}, v_{iy}, v_{iz})$ をもち

$$v_i^2 = v_{ix}^2 + v_{iy}^2 + v_{iz}^2$$

というように，3 つの項の和である．そのことを考えると，式 (1) は「$3N$ 個の $v^2$ という形の項の和が $\frac{2U}{M}$ に等しい」ということを表す．

　式 (1) を幾何学的に考えてみよう．もし粒子が 1 つだけだったらこの式は $v_x^2 + v_y^2 + v_z^2 =$ 一定 となる．これは $(v_x, v_y, v_z)$ の 3 つの座標で表される 3 次

元空間（速度空間という）の球面を表す式である．同じように考えれば，式 (1) は $3N$ 次元空間の球面というものを表す式とみなせる．したがってこの条件を満たす $v_i$ の可能性の数は，この球面の大きさに比例すると考えられる．

3 次元空間の球面（普通の球面）の面積は半径の 2 乗に比例する（$4\pi r^2$）．同様に，$3N$ 次元空間の球面の大きさは，半径の $3N-1$ 乗に比例する（一般に $n$ 次元的広がりをもつ物体の体積は，そのサイズの $n$ 乗に比例する）．そして式 (1) より半径は $U^{1/2}$ に比例するのだから，結局，速度 $v_i$ の可能性の数は $U^{3N/2}$ に比例する（正確には $3N$ ではなく $3N-1$ だが 1 は無視する）．

結局，エネルギー $U$，体積 $V$，粒子数 $N$ の理想気体の微視的状態数は

$$\rho(U, V, N) = KV^N U^{3N/2} \tag{2}$$

比例係数を $K$ と書いた．$U^{3N/2}$ という部分が 3.5 項式 (2) に対応する．ただし $V^N$ という部分があるので $K$ の定義は異なる．これを使うとエントロピーは

$$S = k\log\rho = k\log V^N + k\log U^{3N/2} + k\log K$$
$$= kN\log V + \frac{3kN}{2}\log U + 定数 \quad (k \text{ はボルツマン定数}) \tag{3}$$

となる．第 3 項の定数は $N$ には依存する量で，詳しくは 4.3 項で議論する．

> **課題** 上式を前項式 (4) に適用し，温度 $T$ を求めよ．
> **解答** $N$ や $V$ は一定だとみなして上式を $U$ で微分する．つまり式 (3) の第 2 項だけを考えればよい．$\log U$ の微分は $\frac{1}{U}$ だから前項式 (4) は
> $$\frac{3kN}{2}\frac{1}{U} = \frac{1}{T} \quad \text{すなわち} \quad U = \frac{3}{2}kNT$$

分子固有のエネルギー（$U_0$ とする）を考えれば，$U - U_0 = \frac{3}{2}kNT$ となるので，2.5 項式 (1′) と一致する（単原子分子を考えている）．前項式 (5) の $T$ が絶対温度に等しいことがわかる．

2 原子分子理想気体の場合，常温では式 (1) の左辺に，各粒子それぞれ 2 つの回転運動のエネルギーを加えなければならない（7.3 項参照）．すると $5N$ 次元空間の球面を考えることになる．したがって $\rho \propto V^N (U^{1/2})^{5N} = V^N U^{(5/2)N}$．一般にモル比熱が $\alpha R$ である理想気体の場合には $\rho \propto V^N U^{\alpha N}$ となり，エントロピーは

$$S = kN\log V + \alpha kN\log U + 定数 \tag{4}$$

# 3.8 エントロピー非減少の法則

エントロピーという新しい量を定義した．3.5 項の議論をエントロピーという言葉を使ってまとめてみよう．3.5 項で扱った問題は，2 つの物体 A と B の間でエネルギーが移動できるとき，全エネルギーはどのように分配されるかということであった．全エネルギーが $U_A, U_B$ というように分配されるときの微視的状態数を $\rho_{AB}(U_A, U_B)$ とすると

$$\rho_{AB}(U_A, U_B) = \rho_A(U_A) \times \rho_B(U_B) \tag{1}$$

この式の対数にボルツマン定数 $k$ を掛けた式を，エントロピーを使って表すと

$$k \log \rho_{AB}(U_A, U_B) = S_A(U_A) + S_B(U_B) \tag{2}$$

となる．この式は，「エネルギーが $U_A, U_B$ というように分配されたとき」の全エントロピーである．そして 3.5 項の結論は，エネルギーが移動可能ならば，最終的には全エントロピーが最大になるようにエネルギーが分配されるということであった．全エントロピー最大となった状態が熱平衡である．最初の状態がそうなっていなければ，エネルギーが移動して全エントロピー最大の状態になる．

以上はエネルギーの移動に関する話だったが，たとえば 2 つの物体の間の仕切りが移動可能で体積が増減しうる場合，あるいは仕切りを通して粒子が移動可能であるため各物体の粒子数が増減しうる場合など，より一般的な変化に対しても同様な議論ができるだろう．自然現象の変化は確率的に微視的状態数が大きくなる方向に進み，しかも粒子数が膨大ならば，そのような方向に進む確率がほとんど 100% になると想像できる（詳しくは次章参照）．

これを一般に**エントロピー非減少の法則**という．エントロピーは減らないが，必ずしも増大するとは限らない．実際，可逆過程とは，エントロピーが変化しないので，逆方向にも進める過程のことである．具体例は次項で示す．

この法則は，自然現象がどの方向に進みうるかを決める法則である．個々の粒子の運動に関する法則には何も時間的方向性がなく，ミクロなレベルではすべての微視的状態が同じ確率で起こりうる．しかし，かえってそのために，マクロに見た状態で考えると，微視的状態数の違いのために状態の変化に時間的方向性が現れる．

## 3.8 エントロピー非減少の法則

**熱力学第2法則との関係** 前章最後に熱力学第2法則というものを紹介した．これも自然現象の時間的方向性に関する法則だったが，こちらは目に見える現象の特徴をとらえた法則であり，その根本原因には触れていない．熱力学第2法則の真の意味は，この項のエントロピー非減少の法則によって初めて理解できる．

この2つの法則の関係を理解するのに有用な関係式は 3.6 項式 (5) である．これを微小量の間の関係式として書き直すと

$$T = \frac{\Delta U}{\Delta S} \quad \text{あるいは} \quad \Delta S = \frac{\Delta U}{T} \tag{3}$$

これは物体の内部エネルギー $U$ が変化したとき，エントロピー $S$ がどの程度変化するかを表す式である（体積は不変とする）．$U$ が増えれば（減れば）$S$ も増える（減る）が，その変化量は温度が高いほど小さい．これを使って，クラウジウスの原理（2.10 項）とエントロピー非減少の法則との関係を示そう．

---

**課題** 他に何もせずに低温物体（温度 $T_L$）から高温物体（温度 $T_H$）に熱 $Q$ ($> 0$) を伝えることができたとすると，全体としてエントロピーが減少したことになることを示せ．

**考え方** 他に何もせずにという条件から，体積は不変である．

**解答** 低温物体では $\Delta U = -Q$ なので $S$ は減って $\Delta S = -\frac{Q}{T_L}$．高温物体では $\Delta U = +Q$ なので $S$ は増えて $\Delta S = \frac{Q}{T_H}$．したがって全体の $S$ の変化は

$$-\frac{Q}{T_L} + \frac{Q}{T_H} = Q\left(-\frac{1}{T_L} + \frac{1}{T_H}\right) < 0 \quad (T_L < T_H \text{ なので})$$

低温物体から高温物体に熱が伝わったとすると全エントロピーは減少

| $T_L$ | $Q$ → | $T_H$ |
| $\Delta S = -\frac{Q}{T_L}$ | | $\Delta S = +\frac{Q}{T_H}$ |

---

つまりエントロピーが減少しないのならば，課題に記された現象は起こらない．したがってクラウジウスの原理は正しい．第2法則の他の表現についても正しいことが示せるが，それは次項で解説する．以後，熱力学第2法則とは，エントロピー非減少の法則を意味することとする．

# 3.9 応用

熱力学第2法則（＝エントロピー非減少の法則）は第1法則と組み合わせると，さまざまな重要な結果を導くことができる．それらは次章以降で説明するが，ここでは第2法則からただちに得られるいくつかの結果を示そう．

トムソンの原理（2.10項）によれば，他の変化を伴わずに（特に体積は不変），熱を100%仕事に変えることはできない．これは当然のことである．物体から熱 $Q$ を奪えばその物体のエントロピーは $\frac{Q}{T}$ だけ減るから，どこか他の場所でエントロピーを増やさなければならない．つまり他の変化が必要である．熱機関は低温物体に熱を捨てることによってそれを行う．そのときの全エントロピーの変化を計算すれば，熱機関の最大効率がえられる．

**課題1** エントロピー非減少の法則から，熱機関の最大効率がカルノー効率 $\eta_C$ （2.8項）に等しいことを示せ．

**考え方** 高温物質（温度 $T_H$）から熱 $Q_H$ が出ていき（$\Delta S < 0$），低温物質（温度 $T_L$）に熱 $Q_L$ が伝わり（$\Delta S > 0$），作業物質は元に戻る（$\Delta S = 0$）として全エントロピーの変化を考える．

**解答** 全エントロピーの変化がゼロ以上でなければならないことから

$$\frac{Q_L}{T_L} - \frac{Q_H}{T_H} \geqq 0 \tag{1}$$

すなわち

$$\frac{Q_L}{T_L} \geqq \frac{Q_H}{T_H} \quad \Rightarrow \quad \frac{Q_L}{Q_H} \geqq \frac{T_L}{T_H}$$

したがって効率は（仕事は $W = Q_H - Q_L$ だから）

$$効率 = \frac{W}{Q_H} = 1 - \frac{Q_L}{Q_H} \leqq 1 - \frac{T_L}{T_H}$$

最右辺はカルノー効率に他ならない．

$$\Delta S = -\frac{Q_H}{T_H} \quad \boxed{T_H} \xrightarrow{Q_H}$$
$$\text{作業物質} \rightarrow W = Q_H - Q_L$$
$$\Delta S = +\frac{Q_L}{T_L} \quad \boxed{T_L} \xleftarrow{Q_L}$$

## 3.9 応用

最大効率のときは式 (1) で等号が成り立っており全エントロピーは一定である．カルノーサイクルは可逆な過程のみから構成されている（2.8 項）ので，全エントロピーは変化しない．

---

**課題 2** 理想気体の準静断熱過程での温度と体積の関係（2.5 項課題 1(a)）をエントロピーの式から求めよ．

**考え方** 単原子分子とは限らない一般の場合を考えよう．エントロピーは 3.7 項式 (4) だが，その元となる微視的状態数 $\rho$ は

$$\rho \propto V^N U^{\alpha N}$$

であった．準静断熱過程は可逆過程であり理想気体のエントロピーは一定だが，$\rho$ が一定と考えたほうが早い．

**解答** $\rho$ が一定だということより

$$V^N U^{\alpha N} = \text{一定}$$

となる．$U \propto T$ であることは 3.7 項の課題で示してあるので

$$V^N T^{\alpha N} = \text{一定}$$

となる．全体を $\frac{1}{\alpha N}$ 乗すれば（$x^a$ の $b$ 乗は $x^{ab}$ であることより）

$$V^{1/\alpha} T = \text{一定}$$

これは 2.5 項で導いた式と一致する．

---

**エントロピー＝乱雑さ** この章の最後に，エントロピーの直観的意味について話しておこう．エントロピーは乱雑さの程度を表すとしばしば説明される．たとえば $N$ 枚のコインを並べたとしよう．すべて表にして並べることもできる（ケース A とする）．逆に，表裏を気にせずに並べることもできる（ケース B とする）．表裏に関していえば，ケース A は最も秩序だった並べ方であり，ケース B は最も乱雑な並べ方である．それぞれの場合の数を $\rho$ とすれば $\rho(A) = 1, \rho(B) = 2^N$（コイン 1 枚ずつに対して表裏 2 つの場合がある）なので

ケース A：$\log \rho(A) = 0$　　ケース B：$\log \rho(B) = N \log 2$

$\log \rho$ はそれぞれの並べ方のエントロピーである．乱雑な並べ方の場合のほうが圧倒的に大きい．粒子数に比例しているという点もこれまでの例と共通である．

## 復習問題

以下の [ ] の中を埋めよ（解答は70ページ）．

□**3.1** 多数のコインを投げたとき，表になるコインと，裏になるコインはほぼ半々になることは，[ ① ] の計算からわかる．同様の計算により，部屋の右半分にある気体の分子数と左半分にある分子数も，ほぼ半々になる．

□**3.2** $N$ 枚のコインを投げたとき，表になるコインの数はほぼ，$\frac{N}{2}$ 枚を中心とした，幅 [ ② ] 枚程度の範囲におさまる．表になるコインの割合はほぼ 0.5 を中心とした，幅 [ ③ ] 程度の幅におさまる．気体の分子の分布の場合も同様である．

□**3.3** 1モルの気体分子は，1気圧，0°C で約 22.4 L の体積を占める．したがって，1 L 中の原子数 $N$ は（$N_\text{A} = 6.02 \times 10^{23}$ として計算すれば）ほぼ [ ④ ] 個であり，それからのずれは $\sqrt{N} \simeq$ [ ⑤ ] 程度と推定される．つまり，ずれは平均値よりも [ ⑥ ] 桁小さい．

□**3.4** 体積，温度，物質量が決まった状態に，原子・分子レベルでは異なる無数の [ ⑦ ] が対応する．平衡状態とは，対応するすべての [ ⑦ ] が等確率で実現した状態だと考えるのが，統計力学の基本原理であり，[ ⑧ ] の原理と呼ばれる．

□**3.5** 熱的に接触している2つの物体間のエネルギーの分配は，[ ⑨ ] 最大という条件から決まる．[ ⑩ ] が膨大な場合には，この条件から決まる分配が，圧倒的に大きな確率で起こる．エントロピーとは実質的に [ ⑨ ] の対数なので，[ ⑨ ] 最大とは，エントロピー最大であることを意味する．

□**3.6** [ ⑪ ] が増えれば（減れば）エントロピーも増える（減る）．したがって [ ⑪ ] が移動すると，一方ではエントロピーは増え，他方では減る．両物体の [ ⑫ ] が同じだと，その増減がバランスして，全エントロピーは不変になる．

□**3.7** 物理現象は全エントロピーが [ ⑬ ] 方向（厳密には減らない方向）に進む．これを [ ⑭ ] の法則という．クラウジウスの原理もトムソンの原理も，この法則から説明できる．

□**3.8** 可逆過程では全エントロピーは [ ⑮ ] である．理想気体の準静断熱過程での関係式は，このことから求められる．

章末問題    **69**

## ● 応用問題

☐ **3.9** 250 K と 300 K の単原子分子理想気体の微視的状態数 $\rho$ の比，およびエントロピー $S$ の差を求めよ．ただし体積は同じであり，粒子数 $N$ はどちらも $N = N_A \fallingdotseq 6 \times 10^{23}$ であるとする．
ヒント：$\rho \propto V^N T^{3N/2}$ を使う．エントロピーの計算では気体定数 $R = 8.3$ J/K・モルを使う．

☐ **3.10** $N$（粒子数）$= 6 \times 10^{23}$，同一体積の，250 K と 350 K の理想気体があるとする．それを混合して 2 倍の体積の 300 K の理想気体を作った．微視的状態数は何倍になったか．また，エントロピーはどれだけ増えたか．

☐ **3.11** 粒子数が $N$，内部エネルギーが $U$ のとき，微視的状態数が

$$\rho = KU^{cN}$$

と表される物質があったとする（3.5 項式 (2)）．$K$ は $U$ に依存しない数である．この同じ物質からできた 2 つの物体 A と B がエネルギーを交換し合っている．それぞれの粒子数は $N_A, N_B$ とする．エネルギーがどのように分配されたとき，全体の微視的状態数（3.5 項式 (1)）は最大になるか．
ヒント：3.5 項式 (1) そのままではなく，その対数が最大になるという条件で計算したほうが簡単である．つまりエントロピー最大という条件になる．それぞれのエネルギーを $U_A, U_B$ とすれば $\frac{U_A}{U_B} = \frac{N_A}{N_B}$（エネルギーは粒子数に比例して分配される）というのが答えになると予想されるが，それを確かめよ．

☐ **3.12** 気体が準静的に断熱収縮したときエントロピーは不変である（3.9 項課題 2）．しかし準静的ではなく，つまり気体の圧力以上の力で一気に断熱収縮すると，エントロピーは増える．そのことを次の手順で示せ．
(a) 体積が $\Delta V$，内部エネルギーが $\Delta U$ だけ変化したとき（どちらも微小とする），3.7 項式 (4) より，エントロピーの変化 $\Delta S$ を表す式を求めよ．一般に $\frac{d\log x}{dx} = \frac{1}{x}$ だから $\Delta(\log x) = \frac{1}{x}\Delta x$ となることを用いよ（この計算がわかりにくいと思う読者は 4.1 項を先に読んだ方がよいかもしれない）．
(b) $\Delta U$ は圧縮するときの仕事に等しいので，2.3 項の記号を使って $\Delta U = -\frac{F}{S_0}\Delta V$ と書ける（エントロピーと紛らわしいので面積を $S_0$ と書いた）．これを (a) の式に代入し，2.3 項式 (2) を使うと $\Delta S > 0$ になることを示せ．
ヒント：圧縮すると体積は減り（したがってエントロピーは減る），内部エネルギーは増える（したがってエントロピーは増える）．どちらの効果が大きいかという問題である．ポイントは 2.3 項式 (2) の不等式である．

## 第3章 エントロピー－確率的な見方

☐ **3.13** 準静等温過程も可逆なので全エントロピーは不変なはずである．理想気体の場合にこのことを次の手順で確かめよ．

(a) 準静等温過程で理想気体の体積が $\Delta V$（微小とする）だけ変化したとき，エントロピーの変化を求めよ（前問を参照）．

(b) この理想気体の圧力を $P$ としたとき，熱浴から伝達された熱 $Q$ を求めよ．

(c) 熱浴のエントロピーの変化と，この理想気体のエントロピーの変化の合計がゼロになることを確かめよ．

**注意**：この過程では理想気体の体積が変化しているので，$\frac{\Delta U}{T} = \Delta S$ という式は使えない．しかし可逆な過程では $\Delta V = 0$ であるか否かにかかわらず，伝わった熱を $Q$ とすると $\frac{Q}{T} = \Delta S$ となっている（一般的な証明は 4.2 項）．このことを確かめる問題でもある．

☐ **3.14** 準静的ではない等温過程では全エントロピーは増大することを，問題 3.12 を参考にして示せ．

**ヒント**：等温過程では理想気体の $U$ は不変なので，$Q = -W = -\frac{F}{S_0} \Delta V$ になることを使う．

---

**復習問題の解答**

① 確率（場合の数），② $\sqrt{N}$，③ $\frac{1}{\sqrt{N}}$，④ $2.69 \times 10^{22}$，⑤ $1.64 \times 10^{11}$，⑥ 11，⑦ 微視的状態，⑧ 等重率，⑨ 微視的状態数，⑩ 粒子数，⑪ エネルギー，⑫ 温度，⑬ 増える，⑭ エントロピー非減少，⑮ 不変

# 第4章

# 平衡条件・自由エネルギー・化学ポテンシャル

　　前章では体積の変化がないときの内部エネルギーの変化が，エントロピーの変化で表されることを示した（$\Delta U = T\Delta S$）．これは熱や撹拌などの効果を表す．体積 $V$ の変化，さらには粒子数 $N$ の変化まで考えると，$\Delta U = T\Delta S - P\Delta V + \mu \Delta N$ という式になり（$\mu$ は化学ポテンシャルと呼ばれる量），この式を $\Delta S = \cdots$ と書き直せば，エントロピーの変化を表す式になる．エントロピー最大という条件とこの式を組み合わせて，平衡状態を決める条件式を具体的に求めよう．特に，温度一定という状況に置かれた系の平衡状態を決める量として自由エネルギーという量が導入される．

- 多変数の関数の微分－偏微分
- 熱力学第1法則の表現
- 示量変数と示強変数
- 平衡条件－孤立系
- 環境との接触
- 自由エネルギーの微分
- 環境下での平衡条件
- 理想気体の諸量
- 重力中の理想気体
- 混合のエントロピー（理想気体）
- 混合のエントロピーと同種粒子効果

# 4.1 多変数の関数の微分 — 偏微分

この項では準備として純粋に数学的な話だけをする．$y = y(x)$ という関数を考えよう．$x$ を $\Delta x$ だけ変化させたときの $y$ の変化を $\Delta y$ と書く．

$$\Delta y = y(x + \Delta x) - y(x)$$

$\Delta x$ が小さい（微小である）とき，この範囲では $y$ は直線的に変化していると近似すれば，$\Delta y$ は $\Delta x$ に比例する．

$$\Delta y = A \Delta x \tag{1}$$

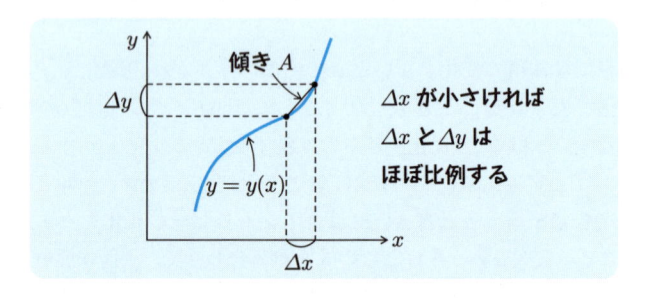

$A$ は関数 $y(x)$ の $x$ での傾きだから $A = \frac{\Delta y}{\Delta x} = \frac{dy}{dx}$．結局

$$\Delta y = \frac{dy}{dx} \Delta x \tag{2}$$

**注** $\Delta x = 0$ でなければ式 (2) は近似式だが，ここでは等号を使って記す． ○

---

**課題 1** $y = x^2$ のとき，式 (2) を確かめよ．

**解答** 左辺 $= \Delta y = (x + \Delta x)^2 - x^2 = 2x\Delta x + (\Delta x)^2$
また $\frac{dy}{dx} = 2x$ だから，右辺 $= 2x\Delta x$．したがって左辺と右辺は $(\Delta x)^2$ だけ異なる．$\Delta x$ が十分に小さければ，$(\Delta x)^2$ は $2x\Delta x$ に比べて小さい（小さい量の 2 乗だから）．式 (2) はその意味で正しい．実際，各辺を $\Delta x$ で割ると

$$\text{左辺} = 2x + \Delta x, \quad \text{右辺} = 2x$$

これは $\Delta x$ を 0 にすれば等しい．

## 4.1 多変数の関数の微分－偏微分

次に，複数の変数に依存する関数（多変数関数）を考えよう．

> **課題 2** $z$ という関数は，$x$ と $y$ という 2 変数により
> $$z = z(x,y) = x + y^2 + x^2 y$$
> と表されるとする．$x$ を $\Delta x$ だけ，$y$ を $\Delta y$ だけ変化させたときの $z$ の変化 $\Delta z$ を計算せよ．ただし $\Delta x$ と $\Delta y$ は十分に小さいとしてよい．
>
> **考え方** 「$\Delta x$ と $\Delta y$ は十分に小さい」とは，$(\Delta x)^2, (\Delta y)^2$，あるいは $\Delta x \Delta y$ という 2 次の項は無視するという意味である．それらを無視した計算を，$\simeq$ ではなく等号 $=$ を使って表してよい．
>
> **解答** $\Delta z = \{(x + \Delta x) + (y + \Delta y)^2 + (x + \Delta x)^2 (y + \Delta y)\} - (x + y^2 + x^2 y)$
> $= \Delta x + 2y\Delta y + \{(x^2 + 2x\Delta x)(y + \Delta y) - x^2 y\}$
> $= \Delta x + 2y\Delta y + 2xy\Delta x + x^2 \Delta y = (1 + 2xy)\Delta x + (2y + x^2)\Delta y$

この計算も微分を使うと簡単に行うことができる．まず，式 (1) の拡張として
$$\Delta z = A\Delta x + B\Delta y \tag{3}$$
という関係が成り立つと考える．$\Delta x$ や $\Delta y$ は微小だとしている．

ここでたとえば $\Delta y = 0$ だとしよう．つまり $x$ だけを変化させたときの $z$ の変化を考える．すると式 (3) は $\Delta z = A\Delta x$ だから式 (1) と同じであり，$A$ は $z$ の $x$ による微分で書けるはずである．ただしそのとき，$y$ は単なる定数だとみなさなければならない．

一般に多変数関数で，他の変数は単なる定数だとみなして，ある特定の変数で微分することを **偏微分** と呼ぶ．たとえば関数 $z(x,y)$ を，$y$ を単なる定数とみなして $x$ で微分することを

$$\text{偏微分：} \quad \left.\frac{\partial z}{\partial x}\right|_y$$

というように書く（たとえば $z = x^2 y$ のとき $\left.\frac{\partial z}{\partial x}\right|_y = 2xy$）．明らかなので必要ないと思われる場合には，$y$ を省略して $\frac{\partial z}{\partial x}$ と書くことも多い．

このような記号を使えば，式 (3) の $A$ と $B$ は次のように書ける．
$$A = \left.\frac{\partial z}{\partial x}\right|_y, \quad B = \left.\frac{\partial z}{\partial y}\right|_x \tag{4}$$

> **課題 3** 課題 2 の例で式 (4) を確かめよ．
>
> **解答** 実際に微分を計算すれば次のようになり，課題 2 の結果を再現する．
> $\left.\frac{\partial z}{\partial x}\right|_y = 1 + 0 + 2xy, \quad \left.\frac{\partial z}{\partial y}\right|_z = 0 + 2y + x^2$

## 4.2 熱力学第1法則の表現

前項で示した公式を内部エネルギー $U$ に適用しよう．$U$ がエントロピー $S$ と体積 $V$ の関数として表されているとする．粒子数 $N$ は変わらないとして，定数とみなす．すると，状態がわずかに変化したときの $U$ の微小な変化は

$$\Delta U = A\Delta S + B\Delta V \tag{1}$$

という形になる．前項式 (4) より

$$A = \tfrac{\partial U}{\partial S}|_V, \quad B = \tfrac{\partial U}{\partial V}|_S$$

である．次に，$A$ や $B$ の具体的な表現を求めよう．$A$ は，体積が不変な過程（等積過程，$\Delta V = 0$）を考えればよい．3.6 項式 (5) の温度の定義より

$$A = \tfrac{\partial U}{\partial S}|_V = T \tag{2}$$

$B$ を求めるには準静断熱過程（$\Delta S = 0$，3.9 項課題 (2)）を考える．準静断熱過程では熱の伝達がないのだから，2.3 項式 (4) より

$$\Delta U = (外力が対象物に対して行った)\,仕事 = -P\Delta V \tag{3}$$

である．また式 (1) は，$\Delta S = 0$ より $\Delta U = B\Delta V$ となるから，比較すれば

$$B = \tfrac{\partial U}{\partial V}|_S = -P \tag{4}$$

となる．結局，熱力学第1法則の一般的に成立する数式的な表現は

$$\Delta U = T\Delta S - P\Delta V \tag{5}$$

式 (5) は，内部エネルギー $U$ を，$S$ と $V$ の関数とみなしたときの式である．逆に，エントロピー $S$ を中心に考え，$S$ を $U$ と $V$ の関数とみなしたときは，式 (5) を書き換えて

$$\Delta S = \tfrac{1}{T}\Delta U + \tfrac{P}{T}\Delta V \tag{6}$$

となる．前項式 (4) に相当する式は

$$\boxed{\tfrac{\partial S}{\partial U}|_V = \tfrac{1}{T}, \quad \tfrac{\partial S}{\partial V}|_U = \tfrac{P}{T}} \tag{7}$$

である．これは物質のエントロピー $S$ から，その物質の熱力学上の性質を求める極めて重要な式である．理想気体の例で，この式の威力を味わってもらおう．

## 4.2 熱力学第1法則の表現

**課題1** 理想気体のエントロピー (3.7項式 (4))
$$S = kN \log V + \alpha kN \log U + 定数 \tag{8}$$
を使って式 (7) の2式を計算せよ．結果は何を意味するか．

**考え方** $\log x$ の微分は $\frac{1}{x}$．

**解答** 第1式は ($\alpha = \frac{3}{2}$ の場合に) すでに3.7項の課題で行った．
$$\frac{\partial S}{\partial U}\big|_V = \alpha kN \frac{1}{U}$$
これが $\frac{1}{T}$ に等しいということだから，$U = \alpha kNT$ となる．ただし，式 (8) の $U$ はより正確には $U - U_0$ であることを考えれば (3.7項)，$U = \alpha kNT + U_0$ である．

式 (7) の第2式では，$U$ は定数とみなして $V$ で微分するのだから，式 (8) で第1項だけ考えればよい．つまり $\frac{\partial S}{\partial V}\big|_U = kN \frac{1}{V}$．これが $\frac{P}{T}$ に等しいということだから $PV = kNT$．これは理想気体の状態方程式に他ならない．

エントロピーからわかること

$\frac{\partial S}{\partial U}\big|_V = \frac{1}{T}$ → エネルギーの式 $U = \alpha kNT$

$\frac{\partial S}{\partial V}\big|_U = \frac{P}{T}$ → 状態方程式 $PV = kNT$

熱力学第1法則は (力学的エネルギーが一定ならば)
$$内部エネルギーの変化 = 仕事 + 熱$$
であった (1.6項)．この式の右辺の2つの項と式 (5) の右辺の2つの項は，一般には項ごとに対応していない．しかし準静過程に限れば，仕事 $= -P\Delta V$ という対応があるので，熱のほうも
$$準静過程: \quad 熱の伝達 = T\Delta S \tag{9}$$
となる．準静断熱過程では熱の伝達がなく $\Delta S = 0$ なので，$0 = 0$ という当たり前の式だが，やはり準静である準静等温過程ではどうだろうか．

**課題2** 体積が $V_1$ から $V_2$ に変化する理想気体の準静等温過程 (2.4項) で，式 (8) を使って式 (9) を確かめよ (章末問題 3.13 も参照)．

**解答** 2.4項の課題より 熱 $= -$仕事 $= mRT(\log V_2 - \log V_1)$．
一方，右辺の $T\Delta S$ も，$U$ が一定 (等温過程) なのだから，式 (8) より同じ結果になる ($kN = mR$ なので)．

## 4.3 示量変数と示強変数

これまで，状態を表す量（状態量という）として，内部エネルギー $U$，温度 $T$，エントロピー $S$，圧力 $P$，体積 $V$，粒子数 $N$（あるいはモル数 $m$）という6つの量が出てきた．これらはその性質から，**示量変数**と**示強変数**という2つの種類に分けられる．

示量変数とは，量も状態も同じものを2つ合わせたら2倍になる量，つまり対象物の大きさに比例する量である．内部エネルギー，体積，粒子数（モル数）は明らかにこのグループに入る．エントロピーも示量変数である（章末問題4.9）．

一方，示強変数とは，対象物の量を2倍にしても半分にしても変わらない変数である．たとえば温度は，物体全体が平衡状態にあれば，物体のどの部分を取りだしても変わらない．物体の大きさとは無関係な量であり示強変数である．圧力も同様．

大きさに比例するという性質を**示量性**と呼び，大きさに無関係という性質を**示強性**と呼ぶ．示量変数はもちろん示量性をもつ量だが，示強変数と示量変数の積も示量性をもつ．また，どんな等式の両辺も上記の意味で同じ性質をもっていなければならない．たとえば理想気体の状態方程式 $PV = kNT$ は，両辺とも（示強変数と示量変数の積なので）示量性をもつ．またこの式を $P = kT\frac{N}{V}$ と書き直すと，両辺とも示強性になる．実際，$\frac{N}{V}$ という量は単位体積当たりの粒子数，つまり粒子密度を表すので示強性の量である（$N$ と $V$ を2倍してもその比率 $\frac{N}{V}$ は変わらない）．一般に密度と呼ばれる量は示強性の量である．

示量性あるいは示強性という性質は，物理量の表現に制限を付ける．

---

**課題** 3.7項での計算より，理想気体のエントロピーは
$$S(U, V, N) = kN \log V + \alpha kN \log U + f(N)$$
と書ける．ただし $f(N)$ は，粒子数 $N$ の何らかの関数である．この $S$ が示量性をもつためには，$f(N)$ はどのような関数でなければならないか．

**考え方** $N, V, U$ を2倍にしたとき $S$ も2倍になるように工夫してみよ．

**解答** たとえば第1項の $N \log V$ は，$N$ と $V$ を2倍すると
$$N \log V \quad \Rightarrow \quad 2N \log(2V) = 2N(\log V + \log 2)$$

## 4.3 示量変数と示強変数

> $\log 2$ の部分が余計である．したがって，$\log$ の中の 2 を打ち消すように，$V$ を $N$ で割って $\log \frac{V}{N}$ としておけばよい．第 2 項の $N \log U$ も同様．つまり
>
> $$S(U, V, N) = kN \log \frac{V}{N} + \alpha kN \log \frac{U}{N} + ckN \tag{1}$$
>
> という形になればよい．第 3 項の $c$ は物質による定数で，この部分は示量性ということだけからは決まらない．以上の結果は $f(N) = -(\alpha+1)kN \log N + ckN$ となっていることを意味する（$\log \frac{V}{N} = \log V - \log N$ などを使う）．

示量変数という条件から $S$ の形を推測したが，元来，エントロピーは示量変数だから，微視的状態数を正しく計算すれば自動的にこの形になる．実際，3.7 項では $3N$ 次元空間の球面の大きさが半径の $3N-1$ 乗に比例することを使ったが，より正確には $(\frac{\text{半径}}{\sqrt{N}})$ の $3N-1$ 乗に比例する．これを使えば $S$ の第 2 項は自動的に $\log \frac{U}{N}$ になる．第 1 項 $\log \frac{V}{N}$ の形の由来は 4.11 項で説明する．

**化学ポテンシャル**　$U$ は示量変数なので，その変化である $\Delta U$ も示量性をもつ．$S$ や $V$ についても同様．したがって熱力学第 1 法則の式 (4.2 項式 (5)) は，すべての項が示量性をもつ．示量変数 $S$ に対しては示強変数 $T$ が，また示量変数 $V$ に対しては示強変数 $P$ が対応していることに注意．

示量変数である粒子数 $N$ に対応する示強変数を定義しよう．4.2 項式 (5) は，$S$ と $V$ が微小に変化したときの $U$ の変化を示している．$U$ は $S, V$ そして $N$ の関数だが，4.2 項では $N$ は一定だとし，その変化は考えていなかった．しかし対象物から粒子が出入りするという状況がしばしばある．そこで前項式 (5) を，粒子数 $N$ も変化する場合に拡張して

$$\Delta U = T\Delta S - P\Delta V + \mu \Delta N \quad \text{ただし} \quad \mu \equiv \frac{\partial U}{\partial N}\Big|_{S,V} \tag{2}$$

と書く．ここで新しく導入した示強変数 $\mu$ は**化学ポテンシャル**と呼ばれる．粒子が 1 つ増えると（$\Delta N = 1$），$S$ や $V$ が一定ならば内部エネルギー $U$ が $\mu$ だけ増えることになる．力学ではポテンシャルエネルギーとは位置エネルギーの別名だが，$\mu$ も粒子数の増減に応じて増減するエネルギーの量という意味で，ポテンシャルという用語が使われる．$\mu$ が極めて重要な量であることは，これから次第にわかってくるだろう．式 (2) は $S$ を中心にして書き換えれば

$$\Delta S = \frac{1}{T}\Delta U + \frac{P}{T}\Delta V - \frac{\mu}{T}\Delta N, \quad \frac{\partial S}{\partial N}\Big|_{U,V} = -\frac{\mu}{T} \tag{3}$$

# 4.4 平衡条件 — 孤立系

　熱力学第2法則は，平衡状態とは，(与えられた条件のもとで) エントロピー最大になる状態であると主張する．一方，前項最後の式 (3) は，熱力学第1法則を書き換えた式だが，エネルギー $U$，体積 $V$，あるいは粒子数 $N$ を変えたときに，エントロピー $S$ がどのように変わるかを示している．この式を使ってエントロピーがどのようなときに最大になるか，つまり平衡状態であるための条件を調べよう．

　これまで対象物と呼んできたものをここでは「系」と呼ぶ．話をより一般的にするためである．2 つの系の接触の問題を考えよう．他の系との接触はないとする．全体としては孤立系 (1.7 項) である．それぞれを系 A，系 B と呼び，それぞれの状態を表す量には，添え字 A あるいは B を付けて表す．系の接触には次の 3 種類がある．

　**熱的接触**：熱が一方から他方へ伝わる．
　**力学的接触**：系を分ける仕切りの位置が移動する (それぞれの体積が変わる)．
　**拡散的接触 (質量的接触)**：粒子が移動する．

　それぞれ熱，体積および粒子の移動であり，それらの移動が止まった状態が平衡状態である．それは全エントロピー $S_A + S_B$ が最大という条件から決まる．

　**熱的接触での平衡**　これはすでに 3.6 項で議論した問題である．全エネルギーを $U_0$ とすると，$U_B = U_0 - U_A$ なので，全エントロピーは

$$S_A(U_A) + S_B(U_0 - U_A)$$

である．体積や粒子数は変えないので $V$ と $N$ は省略した．これが最大になるには $U_A$ での微分がゼロにならなければならない．その結果が 3.6 項式 (3) であり，温度の定義 (3.6 項式 (5) あるいは 4.2 項式 (7)) を考えれば

$$\text{熱的接触での平衡条件：} \quad T_A = T_B \tag{1}$$

　**力学的接触での平衡**　一方の体積が増え他方の体積が減るとする．全体積を $V_0$ とすれば $V_B = V_0 - V_A$ である．そして，全エントロピー最大という条件は $V_A$ での微分がゼロという条件になる．エネルギーの場合 (3.6 項) と同じようにして書き換えれば

## 4.4 平衡条件—孤立系

$$\frac{\partial S_A}{\partial V_A} = \frac{\partial S_B}{\partial V_B}$$

4.2 項式 (7) より，これは $\frac{P}{T}$ が等しいということを意味するが，熱的に平衡ならば温度が等しいので

力学的接触での平衡条件： $P_A = P_B$ (2)

となる．両側の圧力が等しいということで，当然の結果である．

**拡散的接触での平衡** 粒子の移動が可能なのに移動が起きていない（正確にいえば出入りの数が等しい）というのが，拡散的接触での平衡である．他の接触と同様に考えれば

$$\frac{\partial S_A}{\partial N_A} = \frac{\partial S_B}{\partial N_B}$$

4.3 項式 (3) より $\frac{\mu}{T}$ が等しいということになるが，温度が等しければ

拡散的接触での平衡条件： $\mu_A = \mu_B$ (3)

**現象が進む方向** 平衡条件が満たされていない，つまりエントロピーが最大ではない状況から出発した場合には，エントロピーが増す方向に現象は進行する．たとえば温度が違う場合には熱は高温側から低温側に移動する（3.8 項課題）．圧力に差がある場合には，仕切りは（もし移動可能ならば）圧力が大きいほうから小さいほうに移動する．

では化学ポテンシャルが違う場合はどうなるだろうか．

> **課題** 2 つの系 A と系 B が拡散的に接触している．熱平衡であり温度は等しいが，化学ポテンシャルは $\mu_A > \mu_B$ であるとする．粒子はどちらからどちらに移動するか．
> 
> **考え方** どちらに移動したらエントロピーが増えるかを考える．
> 
> **解答** 系 A から系 B に $\Delta N$ 個だけ粒子が移動したとする（もし $\Delta N < 0$ ならば，実際には系 B から系 A に粒子が移動したことを意味する）．系 A での粒子数の変化は $-\Delta N$，系 B での粒子数の変化は $\Delta N$ なので
> 
> A 側でのエントロピーの変化： $\Delta S_A = -\frac{\mu_A}{T}(-\Delta N) = \frac{\mu_A}{T}\Delta N$
> 
> B 側でのエントロピーの変化： $\Delta S_B = -\frac{\mu_B}{T}\Delta N = -\frac{\mu_B}{T}\Delta N$
> 
> $\mu_A > \mu_B$ のときは，$\Delta S_A + \Delta S_B = (\frac{\mu_A}{T} - \frac{\mu_B}{T})\Delta N > 0$ であるためには，$\Delta N > 0$ でなければならない．つまり粒子は実際に系 A から系 B に移動する．

粒子には位置エネルギーの小さい方向に力が働くが，化学ポテンシャルについても，それが小さいほうに粒子は移動する．

# 4.5 環境との接触

前項では 2 つの系の間の接触を扱った．そのうちの一方が他方よりも圧倒的に大きい場合を考えよう．たとえば一方が大気全体であり，他方が目の前にある何らかの対象物であるといった場合である．

このようなケースでの大きな系のほうを一般に**環境**（あるいは**熱浴**）と呼ぶ．環境（熱浴）の特徴は，対象物との間でエネルギーや体積の移動があったとしても，環境側にはその影響は現れず，温度，圧力などは不変とみなしてよいという点にある．そこで，環境側の温度と圧力を $T$ および $P$ とし，定数だとみなそう．また平衡条件が成り立っているとし，対象物側の温度と圧力も同じだとする．ただしここでは粒子の出入り（拡散的接触）はないとする．つまり環境と対象物の粒子数は固定されているとする．

**環境のエントロピー**　環境のエントロピー（の必要な部分）が，この $T$ と $P$ を使って簡単な形に書けることを説明しよう．最初は，熱の移動はあるがそれぞれの体積は変化しない場合を考えよう．粒子数も体積も一定なので，$N$ と $V$ は省略して書く．

環境も含めた全エネルギーを $U_0$ とし，対象物のエネルギーを $U$ とする．すると環境側のエネルギーは $U_0 - U$ となるので，環境のエントロピーを $S_e(U_0 - U)$ と書く（e は environment（環境）あるいは external（外部）の頭文字）．

$U$ は $U_0$ に比較すれば微小だが，その存在は $S_e$ に微小な変化をもたらす．その変化を $\Delta S_e$ と書けば，4.1 項式 (2) より（$\Delta x = -U$）

$$\Delta S_e = S_e(U_0 - U) - S_e(U_0) = \frac{\partial S_e}{\partial U_0}(-U) = -\frac{1}{T}U \tag{1}$$

となる（4.2 項式 (7) を使った）．

$S_e(U_0)$ は対象物の存在とは無関係な量であるという意味で定数と書けば

$$S_e(U_0 - U) = 定数 - \frac{1}{T}U \tag{2}$$

$U$ は対象物側のエネルギー，また $T$ は（平衡状態では）対象物のほうの温度でもあるので，定数部分以外は対象物に関する量で表されている．

**全エントロピー**　対象物のエントロピーを $S$ と書けば全体のエントロピーは

$$全エントロピー = S_e(U_0 - U) + S = 定数 - \frac{1}{T}(U - TS) \tag{3}$$

## 4.5 環境との接触

最後の項の括弧の中を**ヘルムホルツの自由エネルギー**と呼び，通常 $F$ と書く．

$$\text{ヘルムホルツの自由エネルギー：} \quad F = U - TS \tag{4}$$

式 (3) で $F$ ($= U - TS$) の前にはマイナスが付いているので，（対象物を変化させて）全エントロピーを最大にするという問題は，$F$ を最小にするという問題になる．

**体積も変化する場合** 環境と，熱的接触ばかりでなく力学的接触もある場合を考えよう．たとえば環境が大気であり，大気と圧力がつり合っている場合である（対象物が変化して圧力が変化すると，体積が変わって大気とのつり合いが回復する）．

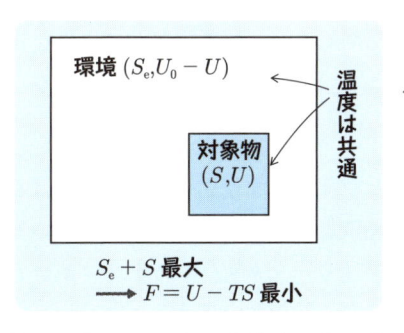

環境のエントロピーは $S_e(U_0 - U, V_0 - V)$ と書ける．ただし $V_0$ は環境も含めた全体積で，$V$ は対象物の体積である．すると式 (1) は 2 変数の問題になり，4.1 項式 (3) と 4.1 項式 (4) より

$$\begin{aligned}\Delta S_e &= S_e(U_0 - U, V_0 - V) - S_e(U_0, V_0) \\ &= \tfrac{\partial S_e}{\partial U_0}(-U) + \tfrac{\partial S_e}{\partial V_0}(-V) = -\tfrac{1}{T}U - \tfrac{P}{T}V\end{aligned}$$

となる（4.2 項式 (7) を使った）．式 (2) に対応して

$$S_e(U_0 - U, V_0 - V) = \text{定数} - \tfrac{1}{T}U - \tfrac{P}{T}V \tag{5}$$

そして，全エントロピーは

$$\begin{aligned}\text{全エントロピー} &= S_e(U_0 - U, V_0 - V) + S \\ &= \text{定数} - \tfrac{1}{T}(U + PV - TS)\end{aligned} \tag{6}$$

最後の項の括弧の中を**ギブズの自由エネルギー**と呼び，通常 $G$ と書く．

$$\text{ギブズの自由エネルギー：} \quad G = U + PV - TS \tag{7}$$

この場合も，全エントロピーを最大にするという問題は，$G$ を最小にするという問題になる．

# 4.6 自由エネルギーの微分

$F$ や $G$ にはいろいろな変数が出てくる.たとえば $F$ の定義式には $U$ と $T$ が出てくるが（対象物がどのような物質であるかはわかっているとして,$S$ は $U$ と $V$ と $N$ で表されているとする）,$T$ は対象物の温度に等しいので

$$\frac{\partial S}{\partial U} = \frac{1}{T} \tag{1}$$

という式が成り立っていなければならない.したがってこの式より,$U$ は（環境によってあらかじめ決まっている）$T$ によって表される.たとえば理想気体では $U = \alpha k NT$ である.つまり $F$ は **$T$ と $V$ と $N$ によって決まる量**である.

力学的接触を考える $G$ の場合,圧力 $P$ も環境によってあらかじめ決まっているので,式 (1) の他に

$$\frac{\partial S}{\partial V} = \frac{P}{T} \tag{2}$$

という条件があり,$V$ が $P$ と $T$ によって表される.理想気体ならば $V = \frac{NkT}{P}$ である.したがって $G$ は **$T$ と $P$ と $N$ によって決まる量**である.

**自由エネルギーの微小な変化**　　このような関係は,$F$ や $G$ の微小な変化の公式を見るとさらによくわかる.内部エネルギー $U$ に対する関係（4.3 項式 (2)）

$$\Delta U = T\Delta S - P\Delta V + \mu \Delta N \tag{3}$$

から出発しよう.この式は $U$ を $S, V, N$ で表したとき,それらの変数の微小な変化に対して $U$ がどのように変化するかを示す式である.

次にヘルムホルツの自由エネルギー $F$ の変化を考えよう.

$$\Delta F = \Delta U - \Delta (TS) \tag{4}$$

一般に 2 つの量の積 $AB$ の変化量 $\Delta (AB)$ とは,$A$ と $B$ を微小に変化させたときの $AB$ の変化である.つまり

$$\Delta (AB) \equiv (A + \Delta A)(B + \Delta B) - AB$$
$$= A\Delta B + B\Delta A + \Delta A \Delta B \fallingdotseq A\Delta B + B\Delta A$$

微小量どうしの積 $\Delta A \Delta B$ はさらに小さいので無視する.この結果は,積の微分公式 $\frac{d(fg)}{dx} = \frac{fdg}{dx} + \frac{gdf}{dx}$ と本質的に同じである.

この式を $\Delta (TS)$ に適用し,また式 (3) を使えば,式 (4) は

## 4.6 自由エネルギーの微分

$$\Delta F = (T\Delta S - P\Delta V + \mu\Delta N) - (T\Delta S + S\Delta T)$$

すなわち
$$\Delta F = -S\Delta T - P\Delta V + \mu\Delta N \tag{5}$$

$F$ の定義式で $TS$ を引いたことにより，変化量については，$T$ と $S$ の役割が交換する．同時に符号も変わる．同じように考えれば

$$\Delta G = -S\Delta T + V\Delta P + \mu\Delta N \tag{6}$$

> **課題** 式 (5) から，$F$ の微分に関する式を求めよ．
> **考え方** 4.1 項で式 (3) から式 (4) が得られるのと同様である．ある変数で微分するとき，他のどの変数を定数と見ているかに注意する．
> **解答** たとえば式 (5) で $\Delta V = \Delta N = 0$ とすれば，つまり $V$ と $N$ を定数とみなせば $\Delta F = -S\Delta T$．すなわち $\frac{\Delta F}{\Delta T} = -S$ となる．したがって
>
> $$\frac{\partial F}{\partial T}\Big|_{V,N} = -S \tag{7}$$
>
> となる．同様に $\quad \frac{\partial F}{\partial V}\Big|_{T,N} = -P, \quad \frac{\partial F}{\partial N}\Big|_{T,V} = \mu \tag{8}$

これらの式を実際に計算するには，$F$ を，$T, V, N$ の関数として書いておかなければならない．この項の最初で $F$ は $T, V, N$ の関数とみなせると説明したが，それとつじつまが合った話になっている．

同様に，$G$ は $T, P, N$ の関数とみなせば

$$\frac{\partial G}{\partial T}\Big|_{P,N} = -S, \quad \frac{\partial G}{\partial P}\Big|_{T,N} = V, \quad \frac{\partial G}{\partial N}\Big|_{T,P} = \mu \tag{9}$$

**$G = N\mu$** 何らかの示量変数 $X$ を $T, P, N$ で表したとき，そのうちの示量変数は $N$ だけだから，何らかの関数 $f(T, P)$ により $X = Nf(T, P)$ と書けるはずである（系が2倍になれば $X$ も2倍になるようにするため）．したがって

$$\frac{\partial X}{\partial N}\Big|_{T,P} = f$$

$X$ が $G$ である場合にこの式を適用すると，式 (9) の3番目より $f = \mu$．よって

$$G = N\mu \tag{10}$$

つまり化学ポテンシャルとは $\frac{G}{N}$，すなわち1粒子当たりのギブズの自由エネルギーに他ならない．

# 4.7 環境下での平衡条件

4.5項ですでに指摘したように，環境と対象物の間のエネルギー（や体積）の移動がある場合，熱力学第2法則（＝全エントロピー非減少の法則）から，自由エネルギー非増大という法則が導かれる．もし対象物に状態の変化があるとしたら，それは自由エネルギーを小さくする方向（可逆過程の場合は自由エネルギーを変化させない方向）に進む．どちらの自由エネルギーであるか（$F$ か $G$ か）は，環境と体積のやり取りがあるかどうかによって決まる．

このような問題が登場するのは，対象物が拡散的接触をしている2つの系から構成されている場合である（環境も含めれば3つの系があることになる）．4.4項では孤立している2つの系の間の平衡を考えたが，共通の環境下にある2つの系（A，Bとする）の間の平衡の問題を考えよう．この2つの系の温度（と圧力）は環境との平衡条件により決まるので，問題は系の間の粒子の分配である．それは前項の議論より，$F$ 最小（あるいは $G$ 最小）という条件で決まる．各系の粒子数を $N_A, N_B$ とすれば，（たとえば $F$ 最小の場合には）

$$F = F_A(T, V_A, N_A) + F_B(T, V_B, N_B) \tag{1}$$

を，$N_A$ を変化（$N_A + N_B$ は一定）させて最小にするという問題になる．

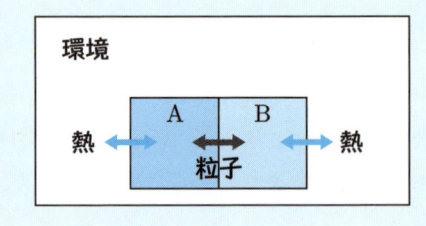

```
環境
  ┌─────────┐
熱 │ A │ B │ 熱
  │   粒子  │
  └─────────┘
```

AとBは環境と熱平衡
AB 間には粒子移動がある
⟶ AB 間の平衡条件
　　$F_A + F_B$ 最小

**エネルギー効果とエントロピー効果**　自由エネルギー最小ということの意味を考えよう．対象物が環境とエネルギーのみのやり取りをする場合を考える．その場合の平衡条件は

$$F = U - TS \tag{2}$$

を最小にすることである．$S$ と $U$ は対象物のエントロピー，エネルギーであり，

対象物が 2 つの系から成り立っている場合には，合計の値である．

　$F$ の起源を思い出そう．対象物のエネルギー $U$ を小さくすれば環境のエネルギー $U_0 - U$ が増えて，環境の微視的状態数つまりエントロピーが増える（4.5 項式 (1)）．一方，対象物自体のエントロピー $S$ も増やしたい．したがって全エントロピーを増やすには，$U$ を減らし $S$ を増やさなければならない．しかし，対象物のエネルギー $U$ を減らすとそのエントロピー $S$ も減ってしまうので，この 2 つの要請は逆方向を向く．つまり 2 つの要請は矛盾しているのだが，そのバランスをうまくとって $F$ を最小にするのが平衡条件である．

　$U$ を減らす方向に現象を進めようという効果を**エネルギー効果**と呼び，$S$ を増やす方向に現象を進めようという効果を**エントロピー効果**と呼ぶ．どちらにしろ全エントロピーを増やすという要請の結果ではある．しかし，式 (2) で $T$ が $S$ に掛けてあることからわかるように，高温ではエントロピー効果が相対的に大きくなり，逆に低温ではエネルギー効果が相対的に大きくなる．

**環境下の平衡条件**　エネルギー効果，エントロピー効果という見方は現象を直観的に理解するのに役立つが，結局は式 (1) が最小になる条件を求めるために微分の計算をしなければならない．最初から，微分がゼロという式を考えていたほうが，実用的には便利であることが多い．

　式 (1) を，$N_A + N_B = N_0$（一定）という条件のもとで最小にすることを考えよう．式 (1) を $N_A$ で微分した式をゼロとすれば

$$\tfrac{\partial F_A}{\partial N_A}\big|_{V,P} + \tfrac{\partial F_B}{\partial N_A}\big|_{V,P} = 0$$

だが，$N_A + N_B$ は一定なのだから，3.6 項式 (3) を導いたときと同様に考えて

$$\tfrac{\partial F_A}{\partial N_A}\big|_{V,P} = \tfrac{\partial F_B}{\partial N_B}\big|_{V,P}$$

となる．これは 4.6 項式 (8)（2 番目）を考えれば

$$\boxed{\text{平衡条件：}\ \mu_A = \mu_B} \tag{3}$$

を意味する．これは環境がない場合の条件（4.4 項式 (3)）と形は同じだが，ここでは $\mu$ が $T$ と $V$ と $N$ の関数とみなされているという違いがある．

　また環境との力学的接触（体積のやり取り）もある場合には，$G$ について全く同じ議論をすれば，やはり式 (3) がえられる．ただしこの場合，$\mu$ は $T$ と $P$ と $N$ の関数とみなされる．

# 4.8 理想気体の諸量

これまで説明してきた式を理想気体で具体的に表してみよう．最も簡単な例にもかかわらず，かなり複雑な式を扱わなければならない．しかし実際にどのように計算が進むのか理解するのは重要である．細かいことは別としても，計算の流れを理解していただきたい．

**[1]** $U(S, V, N)$ を求める．

出発点は 4.3 項式 (1)

$$S(U,V,N) = kN \log \frac{V}{N} + \alpha kN \log \frac{U}{N} + ckN \tag{1}$$

とする．移項すると（$\log \frac{U}{N} = \log U - \log N$ などを使って）

$$\log U = -\frac{1}{\alpha} \log V + \gamma \log N + \frac{S}{\alpha kN} - \frac{c}{\alpha} \tag{2}$$

（ただし $\gamma \equiv \frac{\alpha+1}{\alpha}$）．$U = \alpha kNT$ というよく知られた式と比べるとかなり複雑だが，$U$ をエントロピー $S$ を使って表すことが必要なのである．

**注** 式 (2) で十分なのだが，$U$ 自体はこの式より次のようになる．

$$U(S,V,N) = V^{-1/\alpha} N^{\gamma} e^{S/\alpha kN} e^{-c/\alpha} \tag{3}○$$

**[2]** $\frac{\partial U}{\partial S}|_{V,N} = T$ という式より，温度 $T$ と他の変数との関係を求める．
$\frac{d\log x}{dx} = \frac{1}{x}$ という関係より

$$\frac{\partial \log U}{\partial S} = \frac{1}{U}\frac{\partial U}{\partial S} = \frac{T}{U}$$

である．この式の左辺は式 (2) より $\frac{\partial \log U}{\partial S} = \frac{1}{\alpha kN}$ なので

$$U = \alpha kNT \tag{4}$$

という，よく知られた式が得られる．これを使って $U$ を消去すれば

$$S(T,V,N) = kN \log \frac{V}{N} + \alpha kN \log(\alpha kT) + ckN \tag{5}$$

**[3]** $\frac{\partial U}{\partial V}|_{S,N} = -P$ という式より，圧力 $P$ と他の変数との関係を求める．

$$\frac{\partial \log U}{\partial V} = \frac{1}{U}\frac{\partial U}{\partial V} = -\frac{P}{U}$$

である．左辺は式 (2) より $\frac{\partial \log U}{\partial V} = -\frac{1}{\alpha}V$ なので $P$ と $V$ の関係がわかり，

## 4.8 理想気体の諸量

$U = \alpha PV$. 式 (4) を使えば
$$PV = kNT \tag{6}$$
となる．これは状態方程式である．これを使って $V$ を消去すれば
$$\begin{aligned} S(T,P,N) &= kN \log \tfrac{kT}{P} + \alpha kN \log \alpha kT + ckN \\ &= -kN \log P + (\alpha+1)kN \log kT + (\alpha \log \alpha + c)kN \end{aligned} \tag{7}$$

**[4]** ヘルムホルツの自由エネルギー $\boldsymbol{F = U - TS}$ を求める．

$T, V, N$ で表すことが重要であり
$$F(T,V,N) = \alpha kNT - TS(T,V,N)$$
ただし $S$ は式 (5).

**[5]** ギブズの自由エネルギー $\boldsymbol{G = F + PV}$ を求める．

$T, P, N$ で表すことが重要であり，$PV = kNT$ だから
$$G(T,P,N) = (\alpha+1)kNT - TS(T,P,N)$$
ただし $S$ は式 (7).

**[6]** 化学ポテンシャル $\mu$ を求める．

$G = N\mu$ という関係を使えば
$$\mu = (\alpha+1)kT - \tfrac{TS}{N} \tag{8}$$
式 (5) あるいは式 (7) を使えば
$$\begin{aligned} \mu &= kT(-\log \tfrac{V}{N} - \alpha \log T + 定数) \\ &= kT\{\log P - (\alpha+1)\log T + 定数'\} \end{aligned} \tag{9}$$

---

**課題** $\frac{\partial U}{\partial N}|_{S,V} = \mu$ という関係からも式 (8) がえられることを示せ．

**解答** $\frac{\partial \log U}{\partial N} = \frac{1}{U}\frac{\partial U}{\partial N} = \frac{\mu}{U}$

であり，また左辺は式 (2) より $\frac{\partial \log U}{\partial N} = \frac{\gamma}{N} - \frac{S}{\alpha kN^2}$. したがって
$$\mu = (\tfrac{\gamma}{N} - \tfrac{S}{\alpha kN^2})\alpha kNT = 式 (8) の右辺$$

# 4.9 重力中の理想気体

具体例として理想気体中の分子分布に対する重力の効果を考える。話を簡単にするために，上下にある，体積 $V_1$ と $V_2$ の2つの容器が，体積を無視できる細い管でつながっているとする。容器内には，質量 $M$ の分子 $N_0$ 個からなる理想気体が入っている。また容器内の温度は，外気との熱的な接触により，どちらも温度 $T$ に常に保たれているとする。このとき，全分子 $N_0$ は上下にどのように分布するだろうか。

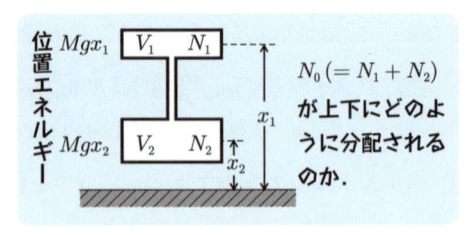

平衡条件は基本的にはヘルムホルツの自由エネルギー最小ということだが (4.5 項)，1つ注意が必要である．分子がどちらの容器にあるかによって，内部エネルギーばかりでなく位置エネルギーも変化する．よって，たとえば分子の上への移動があれば容器内の気体の位置エネルギーが増加し，それに応じて環境のエネルギーは減少する．つまり 4.5 項式 (1) の $U$ は，位置エネルギー（1分子当たり $Mgx$）も含めたものに置き換えなければならない．それを $E$ と書けば，自由エネルギー最小という条件は，$E - TS$ を最小にするという条件になる．

具体的には
$$E = Mgx_1 N_1 + Mgx_2 N_2 + \text{内部エネルギー} \tag{1}$$

だが，ここでは温度は決まっているので，理想気体ならば内部エネルギー ($= \alpha kNT$) は分子の分布に依存しない定数である．またエントロピーは前項式 (5) より

$$S_1(T, V_1, N_1) + S_2(T, V_2, N_2) = kN_1 \log \frac{V_1}{N_1} + kN_2 \log \frac{V_2}{N_2} + \text{定数}$$

となる．ただし $N_1 + N_2 = N_0 = $ 一定 という条件を使うと定数になってしまう部分は単に定数と書いた．結局，$E - TS$ を最小にするという問題は

$$Mgx_1 N_1 + Mgx_2 N_2 - T(kN_1 \log \frac{V_1}{N_1} + kN_2 \log \frac{V_2}{N_2}) \tag{2}$$

を最小とする $N_1$ を求めるという問題になる（ただし $N_2 = N_0 - N_1$）．これは

## 4.9 重力中の理想気体

式 (2) の $N_1$ による微分がゼロという条件になり，$\frac{dN_2}{dN_1} = -1$，そして

$$\frac{\partial}{\partial N}(N \log \frac{V}{N}) = \log \frac{V}{N} - 1$$

であることを使えば

$$\frac{\partial}{\partial N_1}(\text{式 (2)}) = Mgx_1 - Mgx_2 - kT(\log \frac{V_1}{N_1} - \log \frac{V_2}{N_2}) = 0$$

すなわち

$$Mgx_1 - kT \log \frac{V_1}{N_1} = Mgx_2 - kT \log \frac{V_2}{N_2} \tag{3}$$

$-kT \log \frac{V_1}{N_1}$（あるいは $-kT \log \frac{V_2}{N_2}$）という項は，化学ポテンシャルの，容器に依存する部分である（前項式 (9)）．したがって上式は

$$\text{位置エネルギー}(Mgx) + \text{化学ポテンシャル}(-kT \log \frac{V}{N}) = \text{一定} \tag{4}$$

という条件に他ならない．これは 4.7 項式 (3) の平衡条件の，位置エネルギーに差がある場合への拡張である．

**エネルギー効果とエントロピー効果** 式 (4) を $\log \frac{V}{N} = \frac{Mgx}{kT} + c$ と書き換え（$c$ は温度 $T$ には依存する定数），指数関数を使って $\frac{V}{N} = e^c e^{Mgx/kT}$ とし，逆数を取れば次のようになる．

$$\Rightarrow \quad \frac{N}{V} = \text{定数}' e^{-(Mg/kT)x} \tag{5}$$

右辺の定数$'$ は，全分子数が $N_0$ になるということから決まる．

$\frac{N}{V}$ とは分子の密度である．つまり，もし重力がゼロ（つまり $g = 0$）ならば，密度は一定である．これは，分子が一様に分布するときにエントロピーが最大ということに対応しており，4.7 項の用語を使えばエントロピー効果の結果である．しかし重力があると，$x$ が小さいほど密度が大きくなる．これは気体のエネルギーを減らそうとする傾向の結果であり，エネルギー効果である．

式 (5) は大気の場合に置きかえると，温度が一定の状況では $\frac{N}{V}$（分子密度）が上空に行くと指数関数的に減少することを意味する．これは現実にも，温度が変化する低空（対流圏）を除き，よく成り立っている．

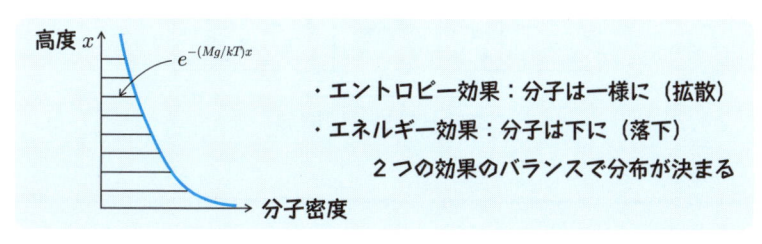

- エントロピー効果：分子は一様に（拡散）
- エネルギー効果：分子は下に（落下）
  2 つの効果のバランスで分布が決まる

# 4.10 混合のエントロピー（理想気体）

エントロピーが増える最も代表的な例が，第3章の最初に議論した拡散である．たとえば理想気体のエントロピーでは $kN \log \frac{V}{N}$ という項が，拡散して体積が増えるとエントロピーが増えることを表している．

拡散とは1種類の物質が広がっていく現象だが，分離していた2種類の物質が拡散し，互いに相手の中に混じりこんでいく現象が**混合**である．これは2重の拡散だから，当然，エントロピーは増加する．

**課題** 温度も圧力も等しい，体積 $V_1$，分子数 $N_1$ の理想気体と，体積 $V_2$，分子数 $N_2$ の理想気体を，仕切りを取り払って混合させる．そのときのエントロピーの変化を求めよ．ただしこの2つは異種の気体であるとする．

**考え方** $kN \log \frac{V}{N}$ という項がどのように変わるかを見ればよい．

**解答** どちらの気体も体積 $V_0 (= V_1 + V_2)$ に膨張するのだから

混合前： $kN_1 \log \frac{V_1}{N_1} + kN_2 \log \frac{V_2}{N_2}$

混合後： $kN_1 \log \frac{V_0}{N_1} + kN_2 \log \frac{V_0}{N_2}$ (1)

したがって混合前後のエントロピーの差（**混合のエントロピー**と呼ぶ）は，$(\log \frac{V_0}{N_1} - \log \frac{V_1}{N_1} = \log(\frac{V_0}{N_1} \frac{N_1}{V_1}) = \log \frac{V_0}{V_1}$ などを使うと）

混合のエントロピー： $kN_1 \log \frac{V_0}{V_1} + kN_2 \log \frac{V_0}{V_2}$

$= kN_1 \log \frac{N_0}{N_1} + kN_2 \log \frac{N_0}{N_2}$ (2)

2行目へは，温度も圧力も等しいのだから，体積の比率は分子数の比率に等しいことを使って書き換えた（ただし $N_0 = N_1 + N_2$）．

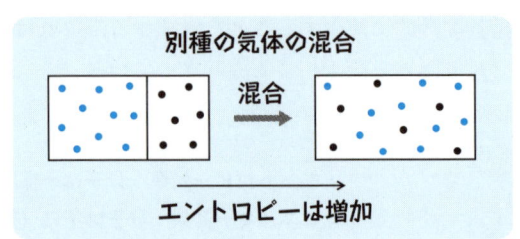

**別種の気体の混合**

混合 →

エントロピーは増加 →

## 4.10 混合のエントロピー（理想気体）

問題文でわざわざ「異種の気体」であると断った必要があるのか考えてみよう．解答では混合後のエントロピー（式(1)）を，それぞれの気体のエントロピーの和として計算した．しかし全体としては分子数 $N_0$，体積 $V_0$ の気体になったのだから，まとめて $kN_0 \log \frac{V_0}{N_0}$ としてはいけなかったのか．もしそれでよいとすれば

$$kN_0 \log \frac{V_0}{N_0} = k(N_1 + N_2) \log \frac{V_0}{N_0}$$
$$= kN_1 \log \frac{V_1}{N_1} + kN_2 \log \frac{V_2}{N_2}$$

だから（$\frac{V_1}{N_1} = \frac{V_2}{N_2} = \frac{V_0}{N_0}$ を使った），混合前と変わっていない．

実際，もしこの2つの気体が同種のものだったら，境界を取り除いても何も変わるはずはなく，エントロピーが変わらないという結論は正しい．

では，気体が異種であると何が変わるのだろうか．混合後の状態を比較してみよう．合計 $N_0$ 個の分子が体積 $V_0$ 内に分布しているのだが，もし分子にAとBの2種類があると，どの分子がAでありどの分子がBであるかによって違う状態になる．すべて同種の場合はその区別がない．$N_0$ 個のうちのどの $N_1$ 個をAにするかの「場合の数」は $_{N_0}C_{N_1}$ なので，異種である場合には微視的状態数にこの数が掛かることになる．したがってエントロピーにすれば $k \log {}_{N_0}C_{N_1}$ だけ増えることになる．ところが付録Bの式(B5)によれば，これはまさに式(1)に他ならない．

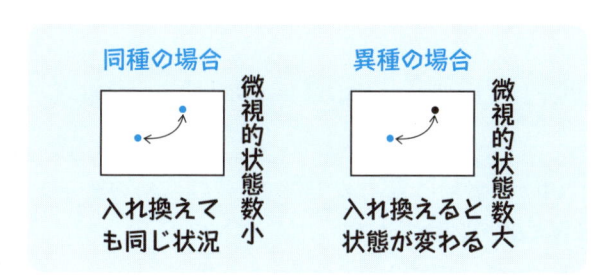

同種の場合　入れ換えても同じ状況　微視的状態数小
異種の場合　入れ換えると状態が変わる　微視的状態数大

つまり，左ページの課題で求めた混合のエントロピーとは，異種の分子が混じり合っていることによる効果であることがわかる．特に理想気体の場合には，各分子は独立に振る舞っているので，微視的状態数はそれぞれの種類の分子の微視的状態数の積であり，したがってその対数であるエントロピーは，それぞれのエントロピーの和である．そのため，それぞれのエントロピーを別個に計算して合計することにより正しいエントロピーがえられたのである．

## 4.11 混合のエントロピーと同種粒子効果

前項では，気体分子が同種の場合と異種の場合に違いがあることを指摘したが，まだ完全に説明していない部分がある．前項では理想気体の拡散の効果を表す項として，エントロピーの $kN \log \frac{V}{N}$ という項を取り上げて計算した．これまでの説明によればこの項の起源は

(a) $N$ 個の粒子を体積 $V$ の中のどこかの位置に置く可能性の数は $V^N$ に比例する．したがってその対数であるエントロピーは $kN \log V$ という項をもつ（3.7項）．

(b) 対数 $\log V$ を示強性の量にするために，$V$ を $\frac{V}{N}$ とする（4.3項）．

ということだった．しかし以下で説明するように，(a) を厳密に考えると，示強性といったことを考えなくても，$\frac{V}{N}$ とする理由が理解できる．

たとえば1つの粒子が $V$ 内の点 P にあり，別の粒子が $V$ 内の点 Q にあるという配置を考える．もしこれが同種の粒子だったら，逆に置かれていたとしてもまったく同じ配置であり区別できない．したがって，配置の可能性は $V^2$ ではなく，$\frac{V^2}{2}$ に比例すると考えなければならない．もし $N$ 個の粒子がすべて同種だったら，同様に考えると配置の可能性は $\frac{V^N}{N!}$ に比例することになる（$N!$ で割ることを**同種粒子効果**という）．そしてこの対数は，付録 B の公式 (B4) ($\log N! \fallingdotseq N \log N - N$) を使うと

$$\log\left(\frac{V^N}{N!}\right) = \log V^N - \log N! \fallingdotseq N \log V - (N \log N - N)$$

$$= N \log \frac{V}{N} - N \tag{1}$$

となり，対数の中が自動的に $\frac{V}{N}$ になった（最後の $-N$ の部分は，4.3項式 (1) では最後の $ckN$ の部分に含まれる）．

以上の議論を，体積 $V$ 内に2種の分子がある場合に拡張しよう．それぞれの粒子数を $N_1, N_2$ とする．すると，それぞれの分子の配置の可能性の数は $\frac{V^{N_i}}{N_i!}$ ($i = 1$ または 2) に比例するので，全体としての配置の可能性の数は

$$\frac{V^{N_1}}{N_1!} \times \frac{V^{N_2}}{N_2!} = \frac{V^{N_0}}{N_1! N_2!} \quad \text{ただし} \quad N_1 + N_2 = N_0$$

一方，すべてが同種の場合は $\frac{V^{N_0}}{N_0!}$ になるので，比率は

$$\frac{\text{異種の場合の可能性の数}}{\text{同種の場合の可能性の数}} = \frac{N_0!}{N_1! N_2!}$$

## 4.11 混合のエントロピーと同種粒子効果

となる．これは前項の $_{N_0}C_{N_1}$ に他ならない．

さらに多くの種類の分子がある場合も同じように考えれば（$i$ 番目の種類の分子数を $N_i$，合計を $N_0$ とする），$i$ 番目の種類に対する配置の可能性の数は $\frac{V^{N_i}}{N_i!}$ に比例するから

$$\frac{\text{異種の場合の可能性の数}}{\text{同種の場合の可能性の数}} = \frac{N_0!}{N_1! N_2! N_3! \cdots}$$

となる．右辺の対数に $k$ を掛けたものが，異種の場合と同種の場合のエントロピーの差になるが，結果は前項式 (2) の拡張で

$$kN_1 \log \frac{N_0}{N_1} + kN_2 \log \frac{N_0}{N_2} + kN_3 \log \frac{N_0}{N_3} + \cdots$$

となる．これがこの場合の混合のエントロピーである．今後，この式の $i$ 番目の項を，$i$ 成分の混合のエントロピーと呼ぶことにする．つまり

$$i \text{ 成分の混合のエントロピー}: \quad kN_i \log \frac{N_0}{N_i} = -kN_0 x_i \log x_i \qquad (2)$$

ただし $x_i \equiv \frac{N_i}{N_0}$ は，$i$ 成分の粒子数の割合を表す．$x_i < 1$，つまり $\log x_i < 0$ だから，上式は常にプラスである．

配置の可能性の数が $\frac{V^N}{N!}$ に比例するという主張は，各粒子の配置が互いに独立に考えられる場合にのみ成り立つ（各粒子の配置の可能性の数が $V$ に比例しているので，$N$ 個あれば可能性の数は $V^N$ に比例すると考えた）．したがって理想気体以外ではそのままでは通用しない．液体や固体のように粒子が密集している場合には，1つの粒子の位置が他の粒子の位置に影響するので問題は複雑になる．しかし液体や固体の場合でも，ある成分の割合が非常に小さい場合（つまり $N_i \ll N_0$ すなわち $x_i \ll 1$ のとき）には，その成分の粒子の配置に関しては互いの影響を無視でき $\frac{V^{N_i}}{N_i!}$ という式が使えるので，その成分の混合のエントロピーは式 (2) のように表される．

いずれにしろ混合のエントロピーは常にプラスであり，エントロピー効果により，すべてのものは混じり合おうとする．もちろん水と油のように混じりにくいものもある．水分子どうし，油分子どうしは互いに引き付け合って集まろうとし，水と油の分子は引き付け合わず結果として互いに排除しようとするので，無理に混ぜると内部エネルギーが大きくなってしまう場合である．このような場合はエネルギー効果により，2つの物質は混ざりにくくなる．といっても，エントロピー効果がなくなるわけではないので，少しは混ざる（5.7 項参照）．

## 復習問題

以下の [　] の中を埋めよ（解答は 96 ページ）．

□**4.1** 内部エネルギーの微小変化 $\Delta U$ は，エントロピー変化の部分 [①] と体積変化の部分 [②] の和で表される．準静過程の場合には，[①] は外部からの熱の伝達，[②] は外力による仕事に等しい．

□**4.2** $\Delta S = \frac{1}{T}\Delta U + \frac{P}{T}\Delta V$ という式は，$S$ を [③] と [④] の関数とみなしたときの，[③] と [④] の変化に対する $S$ の変化を表した式である．この式の結果として，[⑤] という偏微分は $\frac{1}{T}$ に等しく，[⑥] という偏微分は $\frac{P}{T}$ に等しいことがわかる．これらの式から，エネルギーの式や [⑦] がえられる．

□**4.3** 系を2倍にすると2倍になる量を [⑧]，2倍にしても変わらない量を [⑨] という．[⑧] には [⑩] などがあり，[⑨] には [⑪] などがある．

□**4.4** 平衡状態では全エントロピーは最小になる．このことは，2つの系が熱的に平衡ならば [⑫] が等しいことを意味し，2つの系が力学的に平衡（仕切りが動かない）ならば [⑬] が等しいことを意味し，2つの系が拡散的に平衡（行き来する粒子数が等しい）ならば [⑭] が等しいことを意味する．

□**4.5** 温度と体積が一定に保たれている2つの系の拡散的平衡は $F = U - TS$（[⑮] という）が最小という条件から決まる．温度と圧力が一定に保たれている2つの系の拡散的平衡は $G = U - TS + PV$（[⑯] という）が最小という条件から決まる．これらはいずれも，2つの系の化学ポテンシャルが等しいことを意味する．

□**4.6** 化学ポテンシャル $\mu$ に [⑰] を掛けるとギブズの自由エネルギー $G$ になる．

□**4.7** 高低差のある，つながった2つの容器中の気体の分布は，各容器での化学ポテンシャルと [⑱] の和が等しいという条件で決まる．

## 応用問題

□**4.8** (a) $y = x \log x$ という関数の微小変化の式（4.1 項式 (2)）を微分を使って求めよ.

(b) $z = x \log \frac{y}{x}$ という関数の微小変化の式（4.1 項式 (3)）を偏微分使って求めよ.

□**4.9** エントロピーが示量変数である理由を考えよう. 2 つの独立した系があるとき, 全体の微視的状態数は 3.8 項式 (1) のように表されるので, 全体のエントロピーが各系のエントロピーの和であることは明らかである (3.8 項式 (2)). しかしこの 2 つの系が熱的に接触している場合には, 全体の微視的状態数の勘定には, 全エネルギーが $U_0$ になるようなすべてのエネルギー分配を考えなければならない. つまり

$$\rho_{AB}(U_0) = \int \rho_A(U_A) \rho_B(U_0 - U_A) dU_A$$

となる. この場合でも全系のエントロピーは各系のエントロピーの和であるといえるか.

**ヒント**: ある特定の分配のとき (平衡状態) の微視的状態が圧倒的に大きくなり, ピークの幅は $\frac{U_A^*}{\sqrt{N}}$ ($N$ は粒子数) 程度であることを使う ($U_A^*$ は平衡状態での $U_A$).

□**4.10** 4.2 項課題 1 では, エントロピーから理想気体の状態方程式とエネルギーの式を導いた. 逆に, 状態方程式とエネルギーの式からエントロピーを求めてみよう. これらと 4.2 項式 (7) を組み合わせれば

$$\frac{\partial S}{\partial U}|_V = \frac{1}{T} = \frac{\alpha k N}{U}$$

$$\frac{\partial S}{\partial V}|_U = \frac{P}{T} = \frac{kN}{V}$$

これらから, $S$ がどのような形になるかを考えよ.

**ヒント**: (必要のないことだが) 話を簡単にするために, $S = f(U) + g(V)$ という形であるとして, 関数 $f(U)$ と $g(V)$ を求めよ.

□**4.11** 準静過程では 仕事 $= -P\Delta V$ であった. 非準静過程では (膨張でも収縮でも)

$$仕事 > -P\Delta V$$

であることを, 2.3 項の不等式 (2), (3) から示せ.

□**4.12** 理想気体の場合に, $F$ の偏微分の公式 (4.6 項式 (8)), $G$ の偏微分の公式 (4.6 項式 (9)) が具体的に何を意味するか, 4.8 項の式を使って計算せよ.

□ **4.13** 4.9 項式 (5) が正しいとすると，300 K のとき，空気の密度は高度をどれだけ上げると半分になるか．

ヒント：空気の分子量は酸素と窒素の平均で 28.8 とすればよい．式 (5) の指数の分母・分子に $N_A$ を掛けて考える．

□ **4.14** 3.1 項，3.2 項の議論は同種粒子効果のことが話に出てこないが，同種粒子効果をあらわに考えても結論は変わらないことを示そう．ただし 3.7 項で使った考え方を採用する．左右に 2 等分した容器のそれぞれに，粒子が入る場所が $X$ ヵ所あるとする．$n$ 個の粒子を左側のどこかの場所に入れ，残りの $N-n$ 個の粒子を右側のどこかの場所に入れることを考える．ただし $X$ は $N$ に比べて膨大なので，同じ場所に入る可能性は無視してよい．場合の数を求めよ．

ヒント：すべての粒子が同じなので，どの粒子をどこに入れるかという問題は考える必要はない．単に必要な場所の選び出し方だけを勘定すればよい．ただし $X$ と $N$ が同程度だと，同じ場所に入る可能性を考えなければならなくなる．液体や固体だとそのようなことが問題になる．

---

**復習問題の解答**

① $T\Delta S$，② $-P\Delta V$，③ $U$，④ $V$，⑤ $\frac{\partial S}{\partial U}|_V$，⑥ $\frac{\partial S}{\partial V}|_U$，⑦ 状態方程式，⑧ 示量変数，⑨ 示強変数，⑩ エネルギー，エントロピー，粒子数，⑪ 温度，圧力，⑫ 温度，⑬ 圧力，⑭ 化学ポテンシャル，⑮ ヘルムホルツの自由エネルギー，⑯ ギブズの自由エネルギー，⑰ 粒子数，⑱ 位置エネルギー（ポテンシャルエネルギー）

# 第5章

# 相転移の熱力学

　固体，液体，気体という状態は，ある温度で突然移り変わる．これを相転移と呼ぶ．その温度で化学ポテンシャル（あるいはギブズの自由エネルギー）の大小関係が入れ換わるためである．熱力学的な考察により，圧力を変えたときに相転移の温度がどのように変化するか，沸点未満の温度での蒸発はどのように理解するか，液体に何かを溶かしたときの，つまり溶液での，沸点あるいは凝固点の変化などを議論する．また相転移ではないが，溶液の性質として重要な溶解度と浸透圧の話もする．

固相・液相・気相
潜熱と平衡状態
相転移する温度の変化
蒸気圧
混合物の化学ポテンシャル
沸点上昇・凝固点降下
溶解度・浸透圧
実在気体（ファンデルワールス理論）
ファンデルワールス理論での相転移

# 5.1 固相・液相・気相

物質には固体,液体そして気体という3つの状態がある.**固相**,**液相**,**気相**ともいう.固体の特徴は,原子が規則正しく配列しており,互いの位置関係が変わらないことである.それに対して,液体や気体では分子が不規則に動き回っている.液体と気体が根本的に違うのはその体積である.

> **課題** 1モル,1気圧($\fallingdotseq 1013\,\text{hPa}$),100°Cの水と水蒸気のおよその体積を求めよ.
>
> **解答** 分子量18の水1モルは約18gなので,水の体積は約$18\,\text{cm}^3$.
> 一方,水蒸気の体積は,理想気体だとして$V = \frac{mRT}{P}$に代入して計算する(2.1項式(3)).SI単位系にそろえて,$m = 1$モル,$R \fallingdotseq 8.3\,\text{J/モル・K}$,$T \fallingdotseq 373\,\text{K}$,$P = 101300\,\text{Pa}$を代入すれば
>
> $$V = \frac{1 \times 8.3 \times 373}{101300}\,\text{m}^3 \fallingdotseq 0.031\,\text{m}^3 = 31000\,\text{cm}^3\,(= 31\,\text{L})$$
>
> 水蒸気の体積は水の体積の約1700($\fallingdotseq \frac{31000}{18}$)倍である.

**注** 上の課題での,圧力が1気圧の水とは,それをピストン付きの容器に入れ,水がピストンから1気圧の圧力を受けている状態だと考えればよい.このとき水圧も1気圧になっている.水蒸気の場合も同様である.一般に液体の体積は圧力によってはほとんど変わらず,気体は圧力に大きく依存する.　　　　　　　　　　　　　　　　○

温度を上げると通常,固体は液体になり(融解),液体は気体になる(気化あるいは沸騰).$H_2O$の場合,1気圧では0°C(絶対温度で273.15 K)で氷が水になり,100°C(正確には99.974°C)で水が水蒸気になる.また,温度は変えなくても圧力を変えると状態が変わることがある.たとえば90°Cの水は,圧力を約0.7気圧まで下げると沸騰して水蒸気になる.

どのような状況でどの相が実現するかを示すのが**相図**である.相図では通常,横軸が温度,縦軸が圧力の図を描き,各温度,各気圧でどの状態にあるかを表す.$H_2O$の場合の相図を右ページに描く.温度は絶対温度で表してある.

相が変わることを**相転移**という.ある圧力で何度のとき相転移が起こるかは,

その圧力のところを横方向に見ればわかる．$H_2O$ の場合，1気圧では低温は固相（氷）であり，273.15 K で液相（水）になり，373.12 K で気相（水蒸気）になる．

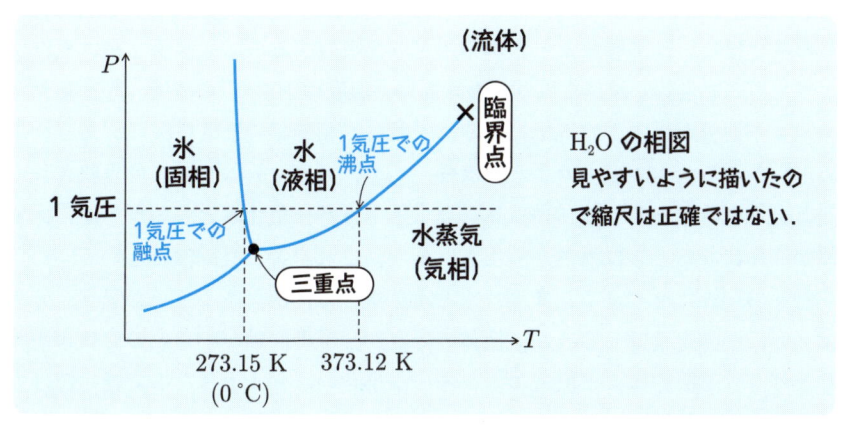

$H_2O$ の相図
見やすいように描いたので縮尺は正確ではない．

他の圧力ではどうなっているか見てみよう．圧力が下がると**融点**（固相が液相になる温度）はわずかに上がり，**沸点**（液相が気相になる温度）は大きく下がる．沸点が大きく下がるのは，圧力が下がると（膨張しやすくなるので）気体になりやすいと考えればよい．また氷は水よりも体積がわずかに大きいので，やはり圧力が下がると氷になりやすくなる（詳しくは 5.3 項参照）．

圧力がさらに下がると沸点がほとんど 0°C になり氷が直接水蒸気に変化（**昇華**）する．常温（20°C），1気圧でも昇華が起こる物質もある（ドライアイス（二酸化炭素）など）．昇華が始まる圧力（約 0.006 気圧）では，氷，水，水蒸気すべてが共存できる温度（273.16 K）がある（**三重点**）．以前はこの温度で単位 K を定義していたが，2019 年からボルツマン定数による定義になった．

逆に，高圧での相転移を見てみよう．温度が上がれば水はやはり水蒸気になるが，水蒸気といっても圧力が高いので分子は密集し，液体と気体の本質的な違いである体積の差（密度差）がなくなっていく．そして $H_2O$ の場合には圧力が 218.3 気圧のとき，両者の区別はなくなり，液相と気相を分ける線はそこで終りになる．この終りの位置を**臨界点**といい，$H_2O$ の場合は圧力が 218.3 気圧，温度が 647.3 K である．それ以上の圧力では，気体や液体という言葉よりも，**流体**という表現が適している．

# 5.2 潜熱と平衡状態

　1 気圧の水を加熱して 100°C にしても，一気にすべてが沸騰して水蒸気になるわけではない．沸騰するときエネルギーを吸収するので，沸騰を続けるにはエネルギーを供給し続けなければならない．温度は 100°C のまま，与えられたエネルギー分だけ水が水蒸気になる．一般に，相転移のときに吸収（あるいは放出）されるエネルギーのことを**潜熱**という．温度上昇はないのに吸収された熱という意味である．液体が気体になるときは特に**気化熱**ともいう．逆に，気体が液体になるときは潜熱が放出されるが，これを特に**凝縮熱**ともいう．

　潜熱の起源は 2 つある．まず，水と水蒸気では内部エネルギーが違う．分子は互いに引力を及ぼし合うが，液体のほうが分子の間隔が小さいので結合が強くなり，分子間力による位置エネルギーが小さい（マイナスなので絶対値は大きい）．物体が落下して地球に近づけば重力による位置エネルギーが減るのと同じである．分子間力による位置エネルギーが小さければ，それを含む内部エネルギーも小さくなる．したがって内部エネルギーが小さい水から，大きい水蒸気に変わるためには，エネルギーを与えなければならない．**互いに引っ張り合っている分子を引き離すためにはエネルギーが必要なのである．**

　潜熱のもう一つの起源は体積の膨張である．前項の課題で調べたように，水が水蒸気になると体積が 1000 倍以上になる．たとえば大気中での沸騰だとすれば，1 気圧の大気をそれだけ押しのけなければならないので，仕事が必要である．**押しのける仕事の分だけ，さらにエネルギーが必要である．**

> **課題** 100°C，1 気圧での水の気化熱は 41 kJ/モルである．上記の 2 つの起源の割合を求めよ．体積変化は前項の課題より，1 モル当たり $0.031\,\mathrm{m}^3$ とせよ．
> **解答** 1 モルで考えると体積膨張による仕事 $P\Delta V$ は
> $$\text{仕事} = 101300\,\mathrm{Pa} \times 0.031\,\mathrm{m}^3 = 3140\,\mathrm{J}$$
> したがってその割合は約 8%（$\fallingdotseq \frac{3140}{41\times 1000} \times 100\%$）．残りは内部エネルギーの変化である．

　逆に水蒸気が水になるときは，これだけの潜熱（凝縮熱）が発生する．さらに，氷が水になるときも，同様の熱の出入りがある．一般に，固体のほうが原

子・分子が整然と配列されているので結合が強く,内部エネルギーは小さい.また氷は水よりも 9%ほど体積が大きいので,水になるときに収縮する.そのための仕事はマイナスだが,内部エネルギーの増加のほうが大きい.結局,氷が水になるときには 6 kJ/モルのエネルギーが必要であり,これを**融解熱**という.逆に水が氷になるときは熱が発生し,これを**凝固熱**という.

**注** 液相よりも固相のほうが体積が大きいというのは水に特殊な性質であり,氷内部での分子の配列の結果である.通常の物質では液相のほうが体積が大きい. ○

**平衡状態の決定** たとえば $H_2O$ という分子の集団が,ある温度,ある圧力のもとでどの相になるか,それを決めるのは 4.5 項で示した,ギブズの自由エネルギー $G$ が最小という条件である.気相,液相,固相のうち $G$ が最小のものが実現される.$G$ とは式で書けば 4.5 項式 (7) より

$$G = U + PV - TS \tag{1}$$

なので,これを小さくするには $U+PV$(これを**エンタルピー**と呼び,しばしば $H$ と書かれる)を減らし,エントロピー $S$ を増やさなければならない.

2 つの相の $U+PV$ の差は,圧力 $P$ が一定ならば

$$(U+PV)\text{の差} = U\text{の差} + P \times (V\text{の差}) \tag{2}$$

だから,まさに潜熱である.つまり潜熱を放出すれば $U+PV$ が減る.そのため,気体よりも液体,液体よりも固体のほうが $U+PV$ が小さい.ただし左ページの課題でも示したように,エンタルピーの大小関係はほぼ内部エネルギー $U$ で決まる.

一方,エントロピー $S$ は,気体の場合に最も大きい.分子が広い範囲で自由に動くので微視的状態数が大きいからである.また液体も,固体に比べれば,分子が自由に動く分だけ $S$ が大きい.

このように $G$ が最小という条件は,$U+PV$ の効果と $S$ の効果のバランスの問題になる.($G$ 内で $S$ は $T$ 倍されるので)高温では $S$ の効果が強くなり気体になり,低温では $U+PV$ の効果が大きくなって,液体そして結局は固体になる.

|  | 固体 |  | 液体 |  | 気体 |
|---|---|---|---|---|---|
| エンタルピー<br>(低温で重要) | 小 | ⇐ | 中 | ⇐ | 大 |
| エントロピー<br>(高温で重要) | 小 | ⇒ | 中 | ⇒ | 大 |

⇒ : $G$ が減る方向

# 5.3 相転移する温度の変化

ギブズの自由エネルギー $G$ を最小にするという条件を具体的に適用するには化学ポテンシャル $\mu$ を使う．相が1つだけならば $G=N\mu$ であったが（4.6項），2つの相が共存（接触）しているときは，全体の $G$ は各相の $G$ の和だから，それぞれの化学ポテンシャルを $\mu_1, \mu_2$ とし各相にある粒子数を $N_1, N_2$ として

$$G = N_1\mu_1 + N_2\mu_2$$

である．したがって $G$ を最小とするという条件にしたがい，$\mu$ が小さいほうの相が実現し，他方の相の粒子数はゼロになることがわかる．しかし，もし

$$\mu_1 = \mu_2 \tag{1}$$

だったら，粒子数がどのように分配されても $G$ は不変である．これは2相が共存することを意味する．$\mu$ を圧力 $P$ と温度 $T$ の関数として書けば，式 (1) は $P$ と $T$ の関係を決める式となり，相図（$PT$ 図）での2相の共存曲線を与えることになる．もう1つの相（添え字3で表す）も共存する場合には $\mu_1 = \mu_2 = \mu_3$ となり，$T$ も $P$ も完全に決まる．これが三重点である．

**$\mu$ の変化** 理想気体のような例外的な場合を除き，化学ポテンシャルを計算することは難しいが，大雑把な振舞いは想像できる．$\mu$ と $G$ は比例するので，$N = $ 一定 （$\Delta N = 0$）という状況で考えると 4.6 項式 (6) より

$$\Delta(N\mu) = \Delta G = -S\Delta T + V\Delta P \tag{2}$$

たとえば一定の圧力（$\Delta P = 0$）のもとでは，$\mu$ は温度上昇とともにエントロピーに比例して減少する．エントロピーは気体の場合に最大なので，$\mu$ の変化も気体の場合に大きい（たとえば水蒸気と水では $S$ の比は3程度）．

$\mu$ が小さいほうの相が実際に実現するので，右図では $T_0$ （相転移温度）を境にして低温では液体，高温では気体になる．

**相転移点の移動** 5.1項の相図からわかるように，水は圧力が上がると（下がると）沸点が上がる（下がる）．その理由も式 (2) からわかる．この式によれば，

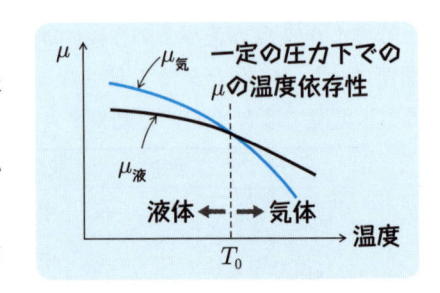

## 5.3 相転移する温度の変化

化学ポテンシャルは圧力を上げると体積に比例して増加するが，液体の体積は気体に比べて圧倒的に小さいので，$\mu_{液}$ は $\mu_{気}$ に比べればほとんど圧力に依存しない．

したがって圧力を上げると，左ページのグラフでは $\mu_{液}$ はあまり変わらず，$\mu_{気}$ のみが上にずれることになる．したがって相転移温度 $T_0$ は上昇する．

どの程度上昇するか，それを計算するための有名な公式を導こう．まず，圧力 $P_0$ での相転移温度を $T_0$ とする．そこで $\mu_{液}$ と $\mu_{気}$ は等しい．そこから圧力を $\Delta P$ だけ増やしたときに，相転移温度が $\Delta T$ だけ増えたとしよう．そこでも $\mu_{液}$ と $\mu_{気}$ は等しくなければならないから，それぞれの変化量が等しくなければならない．したがって式 (2) より

$$-S_{液}\Delta T + V_{液}\Delta P = -S_{気}\Delta T + V_{気}\Delta P$$
$$\Rightarrow \quad \frac{\Delta T}{\Delta P} = \frac{V_{気}-V_{液}}{S_{気}-S_{液}} \tag{3}$$

右辺の分母は潜熱（気化熱）で表される．実際，相転移では前項式 (1) より

$$G\text{の差} = U\text{の差} + P\times(V\text{の差}) - T\times(S\text{の差}) = 0$$
$$\Rightarrow \quad T\times(S\text{の差}) = U\text{の差} + P\times(V\text{の差}) \underset{\text{前項式 (2)}}{=} 潜熱$$
$$\underset{\text{式 (3)}}{\Rightarrow} \quad \boxed{\frac{\Delta T}{\Delta P} = \frac{T\times(V\text{の差})}{潜熱}} \tag{4}$$

これを**クラウジウス－クラペイロンの式**という．通常は右辺の分母，分子はどちらも 1 モル当たりの量を使う．気相・液相の相転移に限らず，気相・固相，液相・固相の場合にも成り立つ．

---

**課題** 水の気化熱を $41\,\mathrm{kJ/モル}$ とし，水の体積を無視し，水蒸気は理想気体だとする．式 (4) 右辺は定数だと近似して 1 気圧，$100\,°\mathrm{C}$ での値を使って，0.9 気圧での水の沸点を概算せよ．

**解答** 1 モルでは $V$ の差 $\fallingdotseq$ 水蒸気の体積 $= \frac{RT}{P}$．したがって 1 モル当たりの気化熱を $L$ とすれば，式 (4) は $\frac{\Delta T}{\Delta P} = \frac{R}{L}\frac{T^2}{P}$ ($\equiv C$ とする)．$C$ を 1 気圧，$100\,°\mathrm{C}$ ($\fallingdotseq 373\,\mathrm{K}$) で計算すると

$$C \fallingdotseq \tfrac{8.3}{41000}\times\tfrac{373^2}{1}\,\mathrm{K/気圧} \fallingdotseq 28\,\mathrm{K/気圧}$$

$\Delta T = C\Delta P$ より $\Delta P = -0.1$ 気圧ならば $\Delta T = -2.8\,\mathrm{K}$．すなわち沸点 $\fallingdotseq 97\,°\mathrm{C}$

## 5.4 蒸気圧

1気圧では水は100°Cで沸騰するが，100°C未満でも蒸発する．そのことはこれまでの話とどう関係しているのだろうか．

室温でも空気中には水蒸気が存在する．しかし$H_2O$という分子は空気の分子（窒素や酸素の分子）に比べて一般にわずかである．空気全体の圧力が1気圧だとしても，それはすべての分子の動きによる圧力の合計であって，そのうちの$H_2O$の寄与は少ない．空気の圧力が1気圧であるとは，各分子による圧力（**分圧**という）の和が1気圧という意味である．

100°Cという温度が特別なのは，その温度で水蒸気自体の圧力だけで1気圧になれるということである．つまり，水中で水蒸気の泡が発生するというのが沸騰の特徴だが，100°C未満だったら，泡は仮にできたとしてもその圧力は1気圧未満なので，すぐにつぶされてしまう．つまり水蒸気の泡は発生しない．水分子が水の表面から空気中に出ていくこと，つまり蒸発は可能だが，沸騰（水中での泡の発生）はできない．

**蒸気圧** では，100°C未満では空気中の水蒸気の分圧はどうなるだろうか．大気は常に動いており，水との平衡状態にはなっていない．平衡状態を考えるには，密閉容器の中に水と空気を入れた状況を考えるとよい．フタの位置を調整して，水蒸気を含めた気体の圧力は1気圧に保たれているとする．最大限の水が気体中に蒸発したときに，蒸発が止まる．これが平衡状態であり，このときの水蒸気の分圧を**飽和蒸気圧**という．一般に空気の湿度とは，水蒸気の分圧の飽和水蒸気圧に対する割合だが，以下で問題にするのは飽和水蒸気圧である．

圧力が1気圧で温度$T$のときの飽和蒸気圧$P$はどのようして決まるだろう

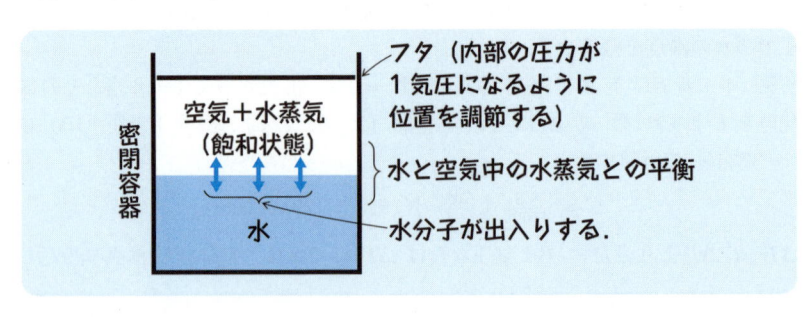

## 5.4 蒸気圧

か．この問題も，水と水蒸気の平衡条件の問題である．水自体の圧力は1気圧だとする（つまり水中に溶けている空気は少量なのでその分圧は無視する）．平衡条件が前項式 (1) であることには変わりはないが，1気圧の水と圧力 $P$ の水蒸気の平衡という問題になり

$$\mu_{液}(T, 1\,気圧) = \mu_{気}(T, P)$$

ただし前項と同様に，添え字はそれぞれ水と水蒸気に関する量であることを示す（「気」と書いたが大気全体のことではない）．

前項でも説明したが，液体は気体に比べて体積が小さいので，$\mu_{液}$ は圧力にほとんど依存しない．したがって上式は

$$\mu_{液}(T, P) \fallingdotseq \mu_{気}(T, P)$$

としてもよいだろう．これは，温度 $T$ で水が沸騰する圧力 $P$ を決める式に他ならず，$T$ と $P$ の関係は前項のクラウジウス–クラペイロンの式 (4) を満たす．

たとえば前項の課題の結果からは，97°C での飽和蒸気圧は約 0.9 気圧であることがわかるが，その課題での計算は，式の右辺を定数と近似したものだった．100°C からかなり離れた温度での値を求めるには，より厳密な計算をしなければならない．それには，課題の解答で示した式を微分方程式

$$\frac{dT}{dP} = \frac{R}{L}\frac{T^2}{P} \tag{1}$$

とみなして解く．潜熱 $L$ が温度によらないという近似では，この式の解は

$$\log \frac{P}{P_0} = -\frac{L}{R}\left(\frac{1}{T} - \frac{1}{T_0}\right) \tag{2}$$

となる（章末問題 5.9）．ただし圧力 $P_0$ のとき沸点が $T_0$ になるようにした．ここは実際のデータを入れなければならないが，$P_0 = 1\,気圧, T_0 = 373\,\text{K}$ ($\fallingdotseq 100°\text{C}$) とすればよい．

---

**課題** 式 (2) より，$T = 298\,\text{K}$ ($\fallingdotseq 25\,°\text{C}$) での飽和蒸気圧を求めよ（前項の課題も参照）．

**解答** 式 (2) の右辺は $-\frac{41000}{8.3}\left(\frac{1}{298} - \frac{1}{373}\right) \fallingdotseq -3.33$
したがって $P = P_0 e^{-3.33} \fallingdotseq 0.036$（気圧）
ちなみに実測値は 0.030 気圧である．厳密には気化熱 $L$ は一定ではない．

# 5.5 混合物の化学ポテンシャル

次に溶液の相転移を考える．たとえば海水は0°Cでは凍らず，また100°Cでは沸騰しない．このような問題を熱力学で議論するためには，溶液の化学ポテンシャルについて知らなければならない．これについては，4.11項で議論した混合のエントロピーという考え方が役に立つ．

**理想気体の混合** 溶液のことを考える前に，まず2種の理想気体からなる混合気体を考えよう．それぞれの粒子数を$N_1, N_2$，分圧を$P_1, P_2$とする．全体は圧力$P = P_1 + P_2$，粒子数$N_0 = N_1 + N_2$であり，温度は共通なので$T$とする．理想気体なのだから各成分の分圧はそれぞれの粒子数に比例する（状態方程式より$P_i = \frac{kT}{V} N_i$だから）．したがって各成分$i$に対して$\frac{P_i}{P} = \frac{N_i}{N_0}$である．

各成分の化学ポテンシャルは4.8項式(9)より

$$\mu_i(T, P_i, N_i) = kT\{\log P_i - (\alpha_i + 1)\log T + c_i\}$$

4.8項で定数項と書いた部分を$c_i$で表した．$\alpha$も$c$も気体の種類によって違うので添え字$i$を付けた．分圧$P_i$が全圧$P$に等しかった場合の$\mu$と，その他の部分に分けると，$\log P_i = \log P + \log \frac{P_i}{P}$なので

$$\mu_i(T, P_i) = \mu_i(T, P) + kT\log \frac{P_i}{P} \tag{1}$$
$$= \mu_i(T, P) + kT\log \frac{N_i}{N_0}$$

後で希薄溶液を考えるときに参考になるのは，一方の気体の割合が微小な場合である．たとえば$N_1 \gg N_2$であるとし，第2成分の割合を$x \equiv \frac{N_2}{N_0} (\ll 1)$と書こう．$\frac{N_1}{N_0} = 1 - x$なので$\log \frac{N_1}{N_0} = \log(1-x) \fallingdotseq -x$（付録A），ゆえに

$$\mu_1 \fallingdotseq \mu_1(T, P) - kTx \tag{2}$$
$$\mu_2 = \mu_2(T, P) + kT\log x \tag{3}$$

$x$が小さくなると$\mu_2$は急激に小さくなる（$\log 0 = -\infty$である）．粒子は化学ポテンシャルの小さい方向に移動すると4.4項で説明したが，粒子はその密度が小さい方向に移動する傾向をもつという性質（拡散）を表している．

**混合のエントロピーとの関係** 式(1)の第2項は，$P_i \neq P$であるため，つまり混合しているために生じたものだが（$P_i = P$ならば$\log \frac{P_i}{P} = \log 1 = 0$で

## 5.5 混合物の化学ポテンシャル

ある），実際この項は混合のエントロピー（4.10 項）と密接に関係している．
2 種の理想気体の混合のエントロピー（$S_\text{混}$ と記す）は，4.10 項より

$$S_\text{混} = S_{\text{混}\,1} + S_{\text{混}\,2} = kN_1 \log \tfrac{N_0}{N_1} + kN_2 \log \tfrac{N_0}{N_2} \tag{4}$$

であった．ギブズの自由エネルギーは $G = U + PV - TS$ なので，2 種であることの効果として，式 (4) の $-T$ 倍が $G$ に加わる．$\mu_i = \frac{\partial G}{\partial N_i}$ という公式を使って，$\mu_i$ に対する $S_\text{混}$ の寄与を計算すると，まさに式 (1) の右辺第 2 項がえられる．たとえば

$$\frac{\partial(-TS_\text{混})}{\partial N_1} = kT \log \tfrac{N_1}{N_0}$$

である（詳しくは章末問題 5.10）．

また，さらに興味深いことは，$x$ が小さいときの式 (2) および (3) の右辺第 2 項は，$S_{\text{混}\,2}$ のみからえられる．**一方の成分の割合が小さいときは，その成分の混合のエントロピーのみがきくのである**（この計算も章末問題にゆずるが，$\log \tfrac{N_0}{N_2} = \log x$ が，$x$ がゼロに近づくときに無限大になることが影響する）．

**希薄溶液の場合**　以上の結論は希薄溶液にとって重要である．溶液とは溶媒（海水だったら水）に溶質（海水だったら塩分）を混ぜたものだが，特に**希薄溶液**すなわち次の場合を考えよう．

$$\frac{\text{溶質分子数}}{\text{溶媒分子数}+\text{溶質分子数}} \equiv x \ll 1$$

溶液では各分子が互いに独立には振る舞わないので理想気体のような単純な計算はできないが，溶質の混合のエントロピーに関しては，(希薄であれば) 理想気体と同じであることを 4.11 項で説明した．そして，上で説明した通り，希薄溶液の場合には溶質の混合のエントロピーだけが重要なので，化学ポテンシャルへの混合の影響は式 (2) および (3) と同じになるはずである．つまり

$$\mu_\text{溶媒}(T,P,x) = \mu_\text{溶媒}(T,P,x=0) - kTx \tag{5}$$

$$\mu_\text{溶質}(T,P,x) = g(T,P) + kT \log x \tag{6}$$

となる．式 (5) では，$x=0$ とすれば純粋溶媒（つまり溶質なし）の化学ポテンシャルになるので，第 1 項を $\mu_\text{溶媒}(T,P,x=0)$ と書いた．しかし式 (5) では $x=1$ とすることはできない（$x \ll 1$ のときのみ成り立つ式である）ので，$g(T,P)$ と $\mu_\text{溶質}(T,P)$（純粋溶質の化学ポテンシャル）の関係はわからない．つまり $g$ は温度と圧力の未知の関数である．

# 5.6 沸点上昇・凝固点降下

海水は純水（真水）に比べて凍結しにくい．海水にはさまざまな塩が溶けているためであり，これを**凝固点降下**という．海水はまた沸騰もしにくい．1気圧，100°Cでは沸騰せず，これを**沸点上昇**という．

どちらも混合のエントロピーの効果である．たとえば凝固の場合，塩は水には溶けるが氷内部には入り込みにくい．氷内部では水分子は規則正しく配列するので，塩の原子は排除されるからである．そのため，水と塩が混合している液体状態のほうにのみ大きな混合のエントロピーが生じる．したがって液体状態に留まろうとする傾向が強くなり凝固しにくくなる．これが凝固点降下である．沸騰の場合も同じである．塩の原子は蒸発しにくいので水蒸気には混合のエントロピーがなく，液体状態に留まろうとする傾向が強くなる．

まず沸点上昇について考えよう．塩水が沸騰する温度とは，純粋な水蒸気と，塩水が平衡になる温度である．これは塩水と，純粋な水蒸気の化学ポテンシャルが等しいという条件で決まる．この温度は圧力にも依存するか，ここでは1気圧の場合に話を限定する．

5.3項と同様に，純水の化学ポテンシャルを $\mu_\text{液}$，水蒸気の化学ポテンシャルを $\mu_\text{気}$ とする．純水の沸点100°C（$T_0$ と書く）は

$$\mu_\text{液}(T_0) = \mu_\text{気}(T_0)$$

という式から決まる．5.3項のグラフの交点である（右上の図も参照）．

塩水の化学ポテンシャルは，前項式 (5) の $\mu_\text{溶媒}(T, P, x)$ である．$x$ は水分子に対する塩の粒子の割合である．粒子とは独立に動いているものすべてを含むので，塩が水に溶けてイオン化している場合には，粒子数としてはイオンの数を勘定しなければならない（ただし $x \ll 1$ の場合）．

塩水の沸点を $T$ とすると，$T$ を決める条件は $\mu_\text{溶媒} = \mu_\text{気}$ だから，前項式 (5) より

$$\mu_\text{液}(T) - kTx = \mu_\text{気}(T) \tag{1}$$

である．この式の左辺は，右上の図で $\mu_\text{液}$ の曲線を下に $kTx$ だけずらしたものである．グラフから明らかなように，交点の温度 $T$ は $T_0$ より大きい．

式 (1) の解を見つけるには，温度が変化したときの $\mu_\text{液}(T)$ と $\mu_\text{気}(T)$ の変化

## 5.6 沸点上昇・凝固点降下

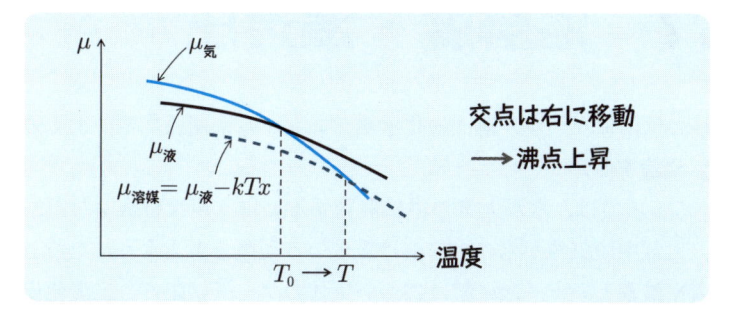

率の違いを調べなければならない．それが潜熱（気化熱）と関係するのは 5.3 項と同様である．ただしここでは，圧力を 1 気圧に保ったまま（$\Delta P = 0$），温度を $T_0$ から少しだけ（$\Delta T$ とする）変える．そのときの化学ポテンシャルの変化は（$\Delta P = 0$ だから）5.3 項式 (2) より

$$\Delta(N\mu) = \Delta G = -S\Delta T$$

と書けるので

$$N\mu_{液}(T_0 + \Delta T) = N\mu_0 + \Delta(N\mu_{液}) = N\mu_0 - S_{液}\Delta T$$
$$N\mu_{気}(T_0 + \Delta T) = N\mu_0 + \Delta(N\mu_{気}) = N\mu_0 - S_{気}\Delta T$$

$\mu_0$ は $T = T_0$ での化学ポテンシャルで，気体と液体で共通である．

$\Delta T$ が沸点上昇の温度だとすれば $T = T_0 + \Delta T$ のとき式 (1) が成り立つはずだから，式 (1) を $N$ 倍したものに上式を代入すると

$$-S_{液}\Delta T - RTx = -S_{気}\Delta T$$

ただしここでも $N$ や $S$ は 1 モル当たりの量だと考える．$N$ はアボガドロ数になり，$Nk = R$（気体定数）である．結局

$$\Delta T = \frac{RTx}{S_{気} - S_{液}}$$

右辺の分母は 1 モル当たりの潜熱 $L$ を $T$ で割ったものに等しいので（5.3 項）

$$\text{沸点上昇：} \quad \Delta T = \frac{RT^2 x}{L}$$

塩水が凝固する場合にも同じ計算になるが，今度は $S_{固} - S_{液}$ が $-\frac{L}{T}$ に等しくなるので（液体のエントロピーのほうが大きい），$\Delta T < 0$，すなわち凝固点は降下する．

# 5.7 溶解度・浸透圧

相転移とは関係ないが，溶液の化学ポテンシャルが関係する，よく知られた例を2つ議論する．

**溶解度** 5.4 項では，水が大気の中に蒸発するという現象を議論した．ここでは逆に，大気中の気体が水の中に溶けるという現象を考えよう．ただしここでは，窒素や酸素という，水に溶けにくい気体のケースに限る．二酸化炭素のように多量に溶けるケースではない．この2つのケースの本質的な違いは，気体の分子と水分子の結合の強さの違いである．窒素や酸素の場合は，水分子との結合が弱い（水分子どうしの結合との比較で）ので，水分子の中に分け入って溶け込むとエネルギー的に損をする（エネルギー効果）．水と油の関係のようなものである．しかし混合によるエントロピー効果は常にあるので，まったく溶けないということはない（4.11 項の最後を参照）．それがどの程度になるかということが問題である．

溶ける物質をAとする．水中でのAの分子数の（全分子数に対する）割合（溶解度）を $x$ （$\ll 1$）とし，また，気体中でのAの分圧を $P_A$ とする．この気体は理想気体として扱ってよいものとする．$P_A$ と $x$ の関係は，水中の溶質としてのAと，気体中の1成分としてのAの平衡条件から決まる．平衡条件は，それぞれの化学ポテンシャルが等しいということである．5.5 項式(6)を使えばこの条件は

$$\underbrace{g(T,P) + kT\log x}_{\text{（水中の溶質の }\mu\text{）}} = \underbrace{kT\{\log P_A - (\alpha_A + 1)\log T + c_A\}}_{\text{（気体中の成分 A の }\mu\text{）}}$$

$$\Rightarrow \quad \log x = \log P_A + f \quad \text{ただし} \quad f \equiv -(\alpha_A + 1)\log T + c_A - \frac{g}{kT}$$

$$\Rightarrow \quad x = P_A e^f \tag{1}$$

となる．気体中の成分Aの分圧 $P_A$ が増えると，それに比例して溶解度 $x$ が増えることがわかる．これを**ヘンリーの法則**という．

比例係数 $e^f$ について考えておこう．これは $P$（全圧）と温度 $T$ に依存する．$P$ に依存するのは $g$ が $P$ の関数であるためだが，実際には $g$ は圧力にはあまり依存しない．$e^f$ は温度には大きく依存する．たとえば酸素では，0°C から 100°C になると溶解度は $\frac{1}{3}$ ほど，窒素では $\frac{1}{2.4}$ ほどになる．これは $f$ の中の

## 5.7 溶解度・浸透圧

$-(\alpha_A + 1)\log T$ の項の効果である。温度が上がると $f$ が減るので $e^f$ も減る。ただし気体の種類によっては $g$ の項が、この効果を部分的に打ち消す働きをする。

**浸透圧** 溶媒の分子は通すが、大きな溶質の粒子は通さないという膜を**半透膜**という。細胞膜など、生命体に多く見られる膜である。純粋溶媒と溶液とが半透膜によって隔てられている場合、溶液側が溶媒分子を吸い取り圧力が高くなる。これによって生じる圧力差を**浸透圧**という。

この現象は溶媒の化学ポテンシャル（5.5 項式 (5)）からも理解できる。溶質が溶けていると化学ポテンシャルが下がるので、圧力を上げて純粋溶媒との平衡を取り戻そうとするのである。純粋溶媒の圧力を $P$、浸透圧を $\Delta P$ とすれば、平衡条件は

$$\underbrace{\mu_0(P+\Delta P) - kTx}_{\text{（溶液中の溶媒の }\mu\text{）}} = \underbrace{\mu_0(P)}_{\text{（純粋溶媒の }\mu\text{）}} \tag{2}$$

と書ける。ただし $\mu_{溶媒}(T, P, x=0)$ を単に $\mu_0(P)$ と書いた。溶媒が純粋のときの化学ポテンシャルである。$\Delta P$ は $P$ に比べれば小さいので

$$\mu_0(P+\Delta P) - \mu_0(P) \fallingdotseq \frac{\partial \mu_0}{\partial P}\big|_T \Delta P$$

だが、4.6 項式 (9) より

$$\frac{\partial (N\mu)}{\partial P}\big|_T = \frac{\partial G}{\partial P}\big|_T = V$$

（$V$ は粒子数 $N$ 個分の溶媒の体積）なので、$N$ が溶液側の溶媒分子数、$V$ を溶液の体積としてこれらを式 (2)（を $N$ 倍したもの）に使えば

$$V\Delta P = N \times kTx = kN'T$$

（$N' = Nx$ は溶質の粒子数）となる。これを**ファント・ホッフの式**という。理想気体の状態方程式と同じ形になっている点が興味深い。

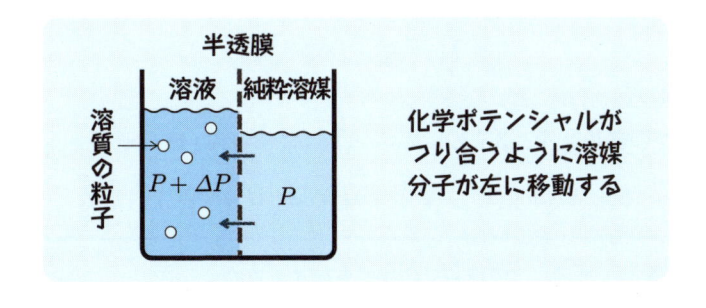

# 5.8 実在気体（ファンデルワールス理論）

　これまでは気体を理想気体として扱ってきたが，実際の気体は理想気体からどの程度ずれるだろうか．近似理論ではあるが，実際の気体をかなりよく表しているファンデルワールス理論というものを説明しよう．

　ファンデルワールス理論では，理想気体の式に以下の2つの修正をする．

**体積に関する修正**：分子の大きさの効果を考える．分子1つの体積を $b$ とする気体の全体積を $V$ としたとき，そのうちの体積 $Nb$ の部分には他の分子は入り込めない．3.7項では分子の位置の可能性は全体積 $V$ に比例すると考えたが，実際には $V - Nb$ に比例すると考えた方がよいだろう．したがってまず

$$V \quad \Rightarrow \quad V - Nb$$

という置換えをする．

**エネルギーに関する修正**：理想気体とは，分子間に働く力は無視するという考え方である．しかし実際には分子間には引力が働く（ただしごく近距離では反発力）．したがってその力によるマイナスの位置エネルギーが発生する．各分子は，一様に分布している $N$ 個の分子の中を動いていると考えると，位置エネルギーは粒子密度 $\frac{N}{V}$ に比例する．したがって全位置エネルギーは

$$\text{全位置エネルギー} = -\{\,\text{比例係数 }(a) \times \text{粒子数 }(N) \times \text{粒子密度}\left(\tfrac{N}{V}\right)\,\}$$
$$= -\frac{aN^2}{V}$$

という形に書ける（$a > 0$）．内部エネルギーを $U$ とすれば

$$U = \text{全運動エネルギー} - \frac{aN^2}{V}$$

だが，3.7項での $U$ は全運動エネルギーのことだから，3.7項の式で

$$U \quad \Rightarrow \quad U + \frac{aN^2}{V}$$

という置換えをすることになる．

　この2つの置換えを，3.7項でのエントロピーの式 (4) に適用すると

$$S = kN \log(V - Nb) + \alpha kN \log\left(U + \frac{aN^2}{V}\right) + \text{定数} \qquad (1)$$

> **課題1**　式 (1) から，この理論での状態方程式を求めよ．

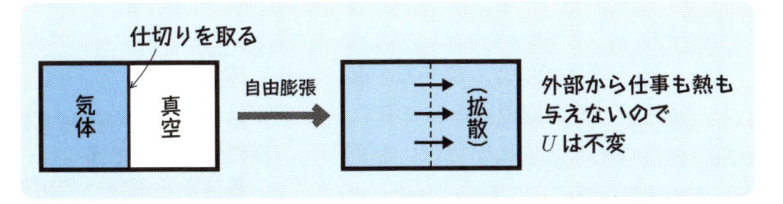

## 5.8 実在気体（ファンデルワールス理論）

**考え方** 4.2 項課題 1 と同じ計算だが，少し複雑になる．
**解答** まず $T$ と $U$ の関係を求めておく．

$$\frac{1}{T} = \frac{\partial S}{\partial U}\Big|_V = \frac{\alpha k N}{U + aN^2/V} \tag{2}$$

これを使うと

$$\frac{P}{T} = \frac{\partial S}{\partial V}\Big|_U = \frac{kN}{V-Nb} + \frac{\alpha kN}{U+aN^2/V}\frac{\partial(U+aN^2/V)}{\partial V}\Big|_U$$
$$= \frac{kN}{V-Nb} + \frac{1}{T}\left(-\frac{aN^2}{V^2}\right)$$

最後に式 (2) を使った．これが状態方程式だが，わかりやすい形に書き換えると，たとえば

$$P = \frac{kNT}{V-Nb} - \frac{aN^2}{V^2} \tag{3}$$

あるいは

$$\left(P + \frac{aN^2}{V^2}\right)(V - Nb) = kNT \tag{4}$$

酸素の場合，$N$ がアボガドロ数に等しいとすると補正の項は

$$N^2 a \fallingdotseq 0.138\,\mathrm{kg\,m^5\,s^{-2}}, \quad Nb \fallingdotseq 0.032 \times 10^{-3}\,\mathrm{m^3}$$

程度の大きさである．これらは状態方程式の他の項に比べて非常に小さいが，たとえば次のような過程を考えると，これらの補正を観測することができる．

**課題 2** 1 気圧，0 °C の酸素気体を 2 倍に自由膨張（2.2 項）させる．温度は何 K 下がるか．10 気圧だったらどうなるか（理想気体だったら温度の変化はない）．
**考え方** 式 (1) より $\alpha kNT = U + \frac{aN^2}{V}$ だが，自由膨張なので $U$ は変化しない．
**解答** 1 モルの酸素気体が体積が $V$ から $2V$ に変化したときの温度の変化を $\Delta T$ とすると，$\alpha = \frac{5}{2}$ (2.5 項)，$kN = R\, (\fallingdotseq 8.3\,\mathrm{J/モル\cdot K})$ だから $\Delta T = \frac{1}{2.5R}aN^2\left(\frac{1}{2V} - \frac{1}{V}\right)$．最初が 1 気圧だったら $V \fallingdotseq 22\,\mathrm{L} = 0.022\,\mathrm{m^3}$ だから

$$\Delta T = \frac{1}{2.5 \times 8.3} \times 0.138 \times \left(-\frac{1}{2 \times 0.022}\right)\,\mathrm{K} \fallingdotseq -0.15\,\mathrm{K}$$

最初が 10 気圧だったら $V$ が $\frac{1}{10}$ になるから，$\Delta T \fallingdotseq -1.5\,\mathrm{K}$

# 5.9 ファンデルワールス理論での相転移

　ファンデルワールス理論が面白いのは，前項で導いた式が，気体から液体への変化も表していることである．液体と気体は，分子が乱雑に動いているという意味では共通であるという話を 5.1 項でした．違いは粒子の密度である．ファンデルワールス理論は密度が変化したときの効果も（近似的にだが）含んでいるので，この理論で密度を大きくしたとき何が起こるかを調べてみるのも興味深い．

　温度を一定にしたまま体積を減らす（圧縮し密度を増やす）と圧力がどう変化するか，グラフに描いてみよう．下図に描いたのは，あまり高温ではない通常の温度での振舞いである．ABCDEF という方向に見ると，圧力は最初に上昇した後，減少に転じ，最後にまた増加する．こうなる理由は前項の式 (2) からわかる．

　まず，体積 $V$ が大きいときは第 1 項がきいて，収縮すれば圧力は増えるという普通の振舞いをする．しかし体積がかなり減ると第 2 項が重要になり，マイナスなので圧力は減る（C から D）．分子間の距離が小さくなり分子どうしの引力が増えるので，外に広がろうとする力が減るからである．$a$ は小さな量なので，第 2 項がきくためには，密度 $\frac{N}{V}$ が通常の気体よりもかなり大きくなっていなければならない．さらに体積が減って $V$ が極限の $Nb$ 近くになると，また第 1 項がきいて圧力は急上昇する．

　しかし実際に気体の体積を減らしていくと，このグラフのようには変化しない．A から始めて，ある体積 B まで収縮すると，気体の一部が（同じ圧力での体積が小さい）状態 E に変わる．B と E の共存状態である．全体の体積は B と E の中間である．さらに収縮させると E の割合が増え，すべてが E になると，後はグラフの曲線にそって F に向かう．このプロセスは気体が液体に変化する相転移に他ならない．B までは気体，そ

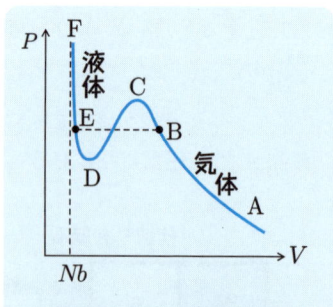

B から (C, D を通らずに)
E にジャンプする：
　気体から液体への相転移

## 5.9 ファンデルワールス理論での相転移

して E から後は液体の状態である．

ただしこれは，温度を一定にして圧力を増やすと気体が液化するという相転移である．圧力を一定に保ちながら温度と体積を変えていくという場合は，下図のようになる．膨張の方向（F から A）に見ると，E から B への体積の不連続な変化（気化）が起こる．

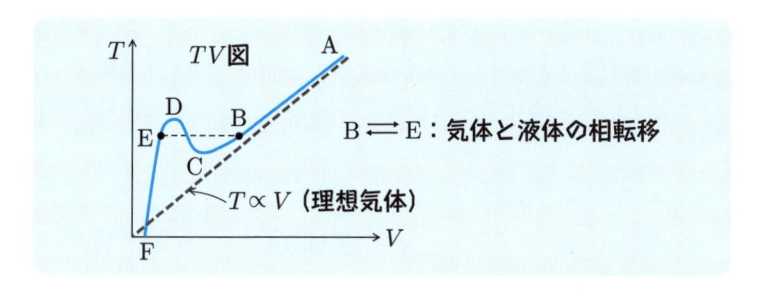

*TV 図*

B ⇌ E：気体と液体の相転移

$T \propto V$（理想気体）

グラフの曲線通りに変化せずに，むしろ B と E の共存状態になるのは，そのほうが自由エネルギーが小さいからである．B と E の位置を決めるのも自由エネルギー最小という条件だが，ここでは深入りしない．

もう一つ面白いのは，温度がかなり上がると前項式 (2) の第 1 項の影響のほうが第 2 項より常に大きくなり，圧力が上下しなくなることである．

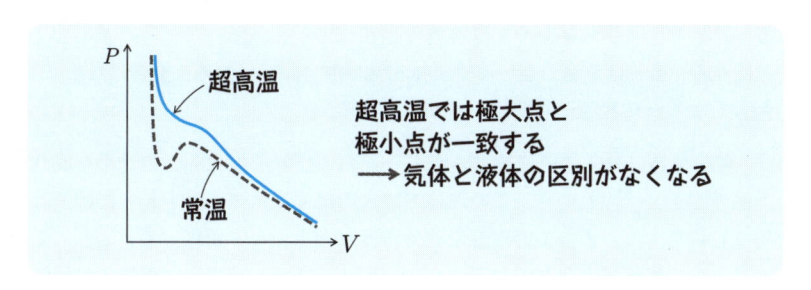

超高温では極大点と極小点が一致する
→ 気体と液体の区別がなくなる

超高温

常温

この場合，気体から液体の相転移はなくなる．実際，温度がある値以上になると気体と液体の区別がつかなくなるという話はすでに 5.1 項でした．臨界点である．相転移が起こる温度では，グラフに極大と極小がある．温度が上がって極大と極小の点が近づいて一致するときの温度と，一致した点の圧力が，まさに臨界点を表す．このことを具体的に計算するとファンデルワールス理論で臨界点の位置がえられ，実際の値と大きくは違わない結果がえられる．

## 復習問題

以下の [ ] の中を埋めよ（解答は 118 ページ）．

□ **5.1** 温度と圧力を決めたときにどの相が実現するかは，[ ① ]，あるいはそれを粒子数で割った [ ② ] の大小関係で決まる．平衡状態を決める原則と同じであり，低温では [ ③ ] が小さい相が選ばれ，高温になるとエントロピーが大きい相が選ばれる．

□ **5.2** 相転移が起こるとき，同時に熱の出入りがある．これを [ ④ ] という．たとえば液体が気体になるときは [ ④ ] が吸収され，気体が液体になるときは [ ④ ] が [ ⑤ ] される．[ ④ ] は両相間のエンタルピーの差だが，これは主に [ ⑥ ] の差である．

□ **5.3** 圧力を下げると，体積の大きい状態が実現しやすくなる．したがって，圧力を下げると液体は気体になりやすくなり，[ ⑦ ] は下がる．[ ⑦ ] の降下率を潜熱によって表した式が [ ⑧ ] である．

□ **5.4** 沸点未満でも液体は表面から蒸発して気体になる．ただし限界があり，気体部分がもちうる最大の分圧を [ ⑨ ] という．各温度での [ ⑨ ] は，その温度が沸点になるような圧力にほぼ等しい．

□ **5.5** 希薄溶液の溶媒と溶質の化学ポテンシャルへの混合の効果は，[ ⑩ ] によって計算することができる．

□ **5.6** 溶媒の化学ポテンシャルは溶質の存在によって減るので，その沸点は [ ⑪ ] ことになる．溶質は蒸発しないので気体状態に混合がないため，混合のために [ ⑫ ] が大きくなる液体状態が有利になるからである．

□ **5.7** 理想気体に分子間の位置エネルギー，および分子の大きさの効果を取り入れた近似理論を [ ⑬ ] という．この理論では，内部エネルギーは [ ⑭ ] だけではなく体積にも依存する．またこの理論で分子密度が大きくなる領域を考えると，気体から [ ⑮ ] への相転移が起きていることがわかる．また，超高温，超高圧では気体と [ ⑮ ] の区別がなくなることもわかる．

## 応用問題

☐ **5.8** 氷の融解熱は $0°C$, 1気圧で約 $6.0\,\mathrm{kJ}$/モルである．また融解するときの体積変化は $1.7\times 10^{-6}\,\mathrm{m}^3$/モルである（約 $9\%$ の減少）．100気圧で氷の融点は何 $°C$ になるか．

解説：5.3項式 (4) を使う．融点は減るがあまり変わらないことがわかるだろう．以前，アイススケートでは氷に圧力をかけるので融点が下がって氷が解けて滑るという主張があったが，少なくともここの計算からは正当化されない．スケートリンクの氷はもっと冷たいはずである．

☐ **5.9** 5.4項式 (1)（クラウジウス–クラペイロンの式）の解が式 (2) になることを示せ．

ヒント：$\frac{d(1/T)}{dP}=\cdots$ という形にしてから積分する．逆に式 (2) が，式 (1) を満たしていることを確かめてもよい．

☐ **5.10** 混合のエントロピー（5.5項式 (4)）の，化学ポテンシャルへの寄与を計算し，同項式 (1) 右辺の第2項になることを示せ．また，第2成分の割合が小さいときは，$S_{混}$（同項式 (4)）の第2項のみが寄与することも示せ．

ヒント：$\frac{\partial(-TS_{混})}{\partial N_i}$ を計算する問題である．$S_{混}$ の第1項と第2項をそれぞれ計算する．たとえば $N_1$ での微分とは，$N_2$ を定数とみなしたときの微分である．したがって $N_0(=N_1+N_2)$ のことも考慮に入れなければならない．たとえば

$$\frac{\partial \log N_0}{\partial N_1}=\frac{\partial N_0}{\partial N_1}\frac{d\log N_0}{dN_0}=\frac{1}{N_0}$$

☐ **5.11** 水 $1\,\mathrm{kg}$ に $\mathrm{NaCl}$ が $30\,\mathrm{g}$ 溶けているとする．水の分子量を $18$，$\mathrm{Na}$ の原子量を $23$，$\mathrm{Cl}$ の原子量を $35.5$ として，1気圧での凝固点を求めよ（沸点上昇と同じ公式が使える）．氷の融解熱は上問参照．$\mathrm{NaCl}$ は完全にイオンに電離しているとして，$\mathrm{Na}^+$ と $\mathrm{Cl}^-$ は別個の粒子として扱ってよい．

ヒント：$\mathrm{Na}$ と $\mathrm{Cl}$ の平均原子量は $29.25$ なので $30\,\mathrm{g}$ はほぼ1モルと考えてよい．

☐ **5.12** 5.8項課題2で計算したように，実際の気体は自由膨張させると温度が下がる．その理由を，エネルギーと温度の関係を考えて言葉で説明せよ．

ヒント：温度は分子の運動エネルギーで決まる．

## 第 5 章 相転移の熱力学

□**5.13** ファンデルワールス理論が，少なくとも常圧では，非常に大きな体積変化をもたらす相転移を表していることを示そう．例として酸素を考える．1 気圧のとき酸素が液化する温度を $T_c$ ($\fallingdotseq 55\,\text{K}$) と書く．5.9 項の $TV$ 図によれば，この温度に対応する体積は 3 つあるはずである．それを見積もってみよう．

(a) 温度の式 (5.8 項式 (4)) を 1 モル ($N = N_A$)，温度 $T_c$ で考えると

$$RT_c = P(1 + \frac{N_A^2 a}{PV^2})(V - N_A b)$$

となるが，体積を最低の体積 $N_A b$ を単位にして表すために $v \equiv \frac{V}{N_A b}$ ($> 1$) という変数を使うと

$$(1 + \frac{A}{v^2})(v - 1) = B$$

という形に書ける．5.8 項で与えた $N_A^2 a$ と $N_A b$ の値を使って $A$ と $B$ の値を求めよ（$P = 1$ 気圧 $\fallingdotseq 10^5\,\text{Pa}$ である）．また，$A$ も $B$ も次元のない量であり，どちらも 1 よりかなり大きな数になることを確認せよ．

(b) 上式の解を見積もる．まず $v$ が 1 に近い場合は，$1 \ll \frac{A}{v^2}$ なので，上式は

$$\frac{A}{v^2}(v - 1) \fallingdotseq B$$

と近似でき，$v$ についての 2 次方程式になる．この解を求めよ．

(c) $v$ が非常に大きく，$\frac{A}{v^2} \ll 1$ となる解もある．このような $v$ に対しては上式は $v - 1 \fallingdotseq B$，すなわち $v \fallingdotseq B$ となる．結局，相転移では体積 $v$ が約何倍になっているか．

---

**復習問題の解答**

① ギブズの自由エネルギー，② 化学ポテンシャル，③ エンタルピー（内部エネルギー），④ 潜熱，⑤ 放出，⑥ 内部エネルギー，⑦ 沸点，⑧ クラウジウス−クラペイロンの式，⑨ 飽和蒸気圧，⑩ 混合のエントロピー，⑪ 上がる，⑫ エントロピー，⑬ ファンデルワールス理論，⑭ 温度，⑮ 液体

# 第6章

# 化学反応の熱力学

　化学反応も熱力学が活躍する分野である．化学反応には，その逆反応もあるので，反応前の物質と反応後の物質との間で粒子の出入りの問題になる．反応前後の物質の化学ポテンシャルが等しくなったとき，反応と逆反応がバランスする．その条件から，物質の濃度の比率を決める平衡定数という数が定義される．この平衡定数は，反応にかかわる各物質がもつエネルギー（正確にはエンタルピー）やエントロピーによって決まる．正確に計算できる理想気体どうしの化学反応を主に扱う．

- 化学平衡の法則
- 熱力学での平衡条件
- 平衡定数の公式
- 標準ギブズエネルギー
- 生成エンタルピー・生成熱
- 平衡定数の計算
- 温度依存性（ルシャトリエの原理）
- 溶液内での化学平衡

# 6.1 化学平衡の法則

容器の中に $A_1, A_2, B_1, B_2$ の 4 種の物質が入っている．ただし最初は話を簡単にするために，これらの物質は気体であるとする．この 4 つの気体の間には
$$A_1 + A_2 \rightleftharpoons B_1 + B_2$$
という化学反応が起こるとする．$A_1, B_1$ などは気体の種類を表しているが，同時にその分子 1 つずつを意味する．つまり分子 $A_1$ と $A_2$ が衝突し，原子の組み換えが起こって（化学反応），分子 $B_1$ と $B_2$ になるという意味である．

矢印が両向きに付いているのは，左から右に進む反応も，右から左に進む反応も同時に進むからである．片方だけが起こるということはありえない．たとえば左側の粒子数が右側に比べて極端に多かったら，左から右に進む反応が頻繁に起こり，左側の粒子数が減り右側の粒子数が増えるだろう．その結果，右から左に進む反応も増える．そして左右からの反応の進み方が同じになったときに，容器内のこれらの粒子の数が一定になる．それが**平衡状態**である．

平衡状態を決める条件を式で表してみよう．気体だとすれば，一つ一つの分子が独立に振る舞うというイメージで考えてよいだろう．そのような場合，左から右に進む反応が起こる頻度は，分子 $A_1$ と $A_2$ の衝突の頻度に比例するだろう．そして衝突の頻度は，それぞれの分子の粒子密度（単位体積当たりの粒子数）に比例するだろう．それぞれの密度に比例するのならば，全体としては $A_1$ と $A_2$ の密度の積に比例する．

ここでは後での便宜のため，密度を**モル密度**（モル濃度ともいう）で表すことにする．単位体積当たりに含まれているモル数である．たとえば気体 $A_1$ のモル密度を $n_{A_1}$ などと書くことにすると
$$\text{左から右への反応の頻度} = K_A n_{A_1} n_{A_2} \qquad (1)$$
という形になる．$K_A$ は密度に依存しない比例定数である．定数といっても各粒子の運動の活発さや衝突したときの反応の起こりやすさによって変わり，一般には温度に依存する．同様に

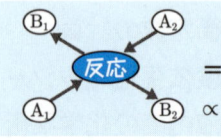

反応の頻度
= 衝突の頻度 × 反応する確率
∝ $A_1$ の数 × $A_2$ の数 × 反応する確率

## 6.1 化学平衡の法則

$$\text{右から左への反応の速度} = K_\text{B} n_{\text{B}_1} n_{\text{B}_2}$$

と書ける．$K_\text{B}$ はこの場合の比例係数である．そして平衡状態では左右への変化の頻度が等しいのだから

$$K_\text{A} n_{\text{A}_1} n_{\text{A}_2} = K_\text{B} n_{\text{B}_1} n_{\text{B}_2}$$

書き換えれば

$$\frac{n_{\text{B}_1} n_{\text{B}_2}}{n_{\text{A}_1} n_{\text{A}_2}} = \frac{K_\text{A}}{K_\text{B}} \equiv K \tag{2}$$

となる．これが各成分の密度の比率を決める式である．これを**化学平衡の法則**，あるいは**質量作用の法則**といい，$K$ を**平衡定数**と呼ぶ．

酸素と水素が水蒸気になるという反応では，反応式は

$$2\text{H}_2 + \text{O}_2 \rightleftharpoons 2\text{H}_2\text{O} \tag{3}$$

これは分子1つずつに分けて書けば $\text{H}_2 + \text{H}_2 + \text{O}_2 \rightleftharpoons \text{H}_2\text{O} + \text{H}_2\text{O}$ となる．したがって左から右への反応は3つの粒子の衝突の問題となり，式 (1) の右辺は，$K_\text{A} n_{\text{H}_2} n_{\text{H}_2} n_{\text{O}_2} = K_\text{A} n_{\text{H}_2}^2 n_{\text{O}_2}$ となる．それに応じて式 (2) は

$$\frac{n_{\text{H}_2\text{O}}^2}{n_{\text{H}_2}^2 n_{\text{O}_2}} = K$$

となる．さらに複雑な反応の場合も同様である．

> **課題** 気体水素は大部分は分子状態（$\text{H}_2$）にあるが，一部は原子（H）に分かれている（解離）．解離しているときには原子単位で考えて，反応は $\text{H}_2 \rightleftharpoons \text{H} + \text{H}$ と書ける．化学平衡の法則を書け．また，平衡定数 $K$ を使って，解離している水素の割合 $\alpha \left(= \frac{n_\text{H}}{n_{\text{H}_2}}\right)$ を表せ．
> 
> **考え方** $\alpha$ を**解離度**という（比熱の $\alpha$ とは無関係）．正確には $\alpha$ の式の分母は $n_{\text{H}_2} + n_\text{H}$ だが，通常の状況では解離の割合が小さいので $n_\text{H}$ は無視する．
> 
> **解答** 化学平衡の法則は $\frac{n_\text{H}^2}{n_{\text{H}_2}} = K$．$n_\text{H} = \alpha n_{\text{H}_2}$ を代入すれば
> 
> $$\alpha^2 = \frac{K}{n_{\text{H}_2}} \tag{4}$$

式 (4) で $K$ は定数だから，気体の密度 $n_{\text{H}_2}$ が減ると，つまり圧力が下がると，解離度 $\alpha$ は増えることになる．低圧では原子の数が少ないので，衝突して分子になるプロセスが起こりにくくなるからである．実際，極低圧の宇宙空間ではかなりの割合の気体分子が解離している．

## 6.2 熱力学での平衡条件

前項の議論は熱力学とは直接関係のない話だった．しかし平衡定数を具体的に求めるには熱力学が必要である．しばらくは，正確な計算ができる理想気体どうしの反応を扱う．最初は前項でも扱った

$$A_1 + A_2 \rightleftharpoons B_1 + B_2 \tag{1}$$

というタイプの反応を考えよう．

熱力学ではこの反応を，$A_1$ と $A_2$ からなる系と，$B_1$ と $B_2$ からなる系の間での原子のやり取りの問題だと考える．A 側を**原系**，B 側を**生成系**と呼ぶ．A 側の分子が原料となって B 側の分子が生成されるということだが，もちろん逆の反応もあり，どちら側を生成系とみなすかは実際の状況によって決まる．

温度は一定という状況で考えよう．すると，すでに 4.5 項で説明したように，熱力学の原則から，両系の間での原子の分配比率は自由エネルギー最小という条件で決まる．ヘルムホルツ（$F$）のほうを使うか，ギブズ（$G$）のほうを使うかは，全体積一定という条件で考えるか，全圧一定という条件で考えるかによるが，結局は化学ポテンシャルに対する式になり結果に変わりはない．以下では $G$ のほうで考える．

化学反応では一般にいくつかの種類の原子が関与するが，それぞれの原子を独立に，A 側（原系）と B 側（生成系）との間で分配できるわけではない．反応は式 (1) に基づいて進むので，ある原子が移動すれば，それに応じて他の原子も移動する．そのような移動が起こりうるときに全自由エネルギーを最小にする，という条件を考えなければならない．

そのような移動を表すために**反応進行度** $\xi$（ギリシャ文字のグザイ）という量を導入する．$\xi$ が 1 だけ増えることは式 (1) の反応が 1 回右に進むことを意味し，1 だけ減ることは，反応が 1 回左に進むことを意味する．つまり $\xi$ が 1 増えると，粒子 $A_1$ の個数 $N_{A_1}$ が（そして粒子 $A_2$ の個数 $N_{A_2}$ も）が 1 つ減り，粒子 $B_1$ の個数 $N_{B_1}$ が（そして粒子 $B_2$ の個数 $N_{B_2}$ も）1 つ増える．微分で表せば

$$\frac{dN_{A_1}}{d\xi} = -1, \quad \frac{dN_{B_1}}{d\xi} = +1 \tag{2}$$

$$A_1 + A_2 \xrightarrow{\xi \text{回の反応}} B_1 + B_2$$

$\xi$個減少　$\xi$個減少　　　$\xi$個増加　$\xi$個増加

原系　　　　　　　生成系

などとなる．$\xi$が変わると，すべての粒子数が連動して変化する．

次に，共存する原系と生成系を合わせた全体のギブズの自由エネルギー $G$ を考える．これは（温度 $T$ と圧力 $P$ の他に）各粒子数 $N_{A_1}, N_{A_2}, N_{B_1}, N_{B_2}$ の関数である．つまり

$$G = G(T, P, N_{A_1}, N_{A_2}, N_{B_1}, N_{B_2})$$

各粒子の化学ポテンシャル（$\mu_{A_1}$ など）は，$G$ をそれぞれの粒子数で微分することでえられる．

$$\frac{\partial G}{\partial N_{A_1}} = \mu_{A_1}, \quad \cdots \tag{3}$$

そして（$T$ と $P$ は一定にしたまま）反応を進め $\xi$ を変化させると，各粒子数がそれに応じて変化するので，$G$ もそれに応じて変化する．具体的に式で表せば，合成関数の微分公式を使って

$$\begin{aligned}
\frac{dG}{d\xi} &= \frac{\partial G}{\partial N_{A_1}}\frac{dN_{A_1}}{d\xi} + \frac{\partial G}{\partial N_{A_2}}\frac{dN_{A_2}}{d\xi} \\
&\quad + \frac{\partial G}{\partial N_{B_1}}\frac{dN_{B_1}}{d\xi} + \frac{\partial G}{\partial N_{B_2}}\frac{dN_{B_2}}{d\xi} \\
&= -\mu_{A_1} - \mu_{A_2} + \mu_{B_1} + \mu_{B_2}
\end{aligned} \tag{4}$$

平衡状態では $G$ が最小なのだから，式 (4) = 0 というのが平衡条件になる．これは書き換えれば

$$\text{平衡条件：} \quad \mu_{A_1} + \mu_{A_2} = \mu_{B_1} + \mu_{B_2} \tag{5}$$

である．

これまで，さまざまな問題での平衡条件が，化学ポテンシャルが等しいという式になると説明してきた．式 (5) もまさに同じであり，原系と生成系それぞれの化学ポテンシャルの和が等しいことを表している．そして理想気体の場合，この式から，前項の化学平衡の法則が導かれることを，次項で示そう．

# 6.3 平衡定数の公式

前項の式 (4) が 0 という条件から化学平衡の法則を導く．まず，たとえば成分 $A_1$ の化学ポテンシャル $\mu_{A_1}$ が，$N_A$ をアボガドロ定数として（この A は原系の分子を表す $A_i$ とは無関係）

$$N_A \mu_{A_1}(T, P_{A_1}) = N_A \mu_{A_1}(T, P^*) + RT \log \frac{P_{A_1}}{P^*} \quad (1)$$

という形に書けることに注意する．ただし $P_{A_1}$ は分圧であり，$P^*$ はすべての成分に共通の任意の値である（5.5 項式 (1) では $P^*$ が全圧 $P$ に等しい場合を考えたが，$P^*$ が何であっても同じ形の式が成り立つ）．このタイプの式を各成分に対して考え，前項式 (4)（の $N_A$ 倍）に代入する．少し整理すると

$$\log \frac{P_{B_1}}{P^*} + \log \frac{P_{B_2}}{P^*} - \log \frac{P_{A_1}}{P^*} - \log \frac{P_{A_2}}{P^*} = -\frac{\Delta G^*}{RT} \quad (2)$$

という形になる．$\mu_{A_1}(T, P^*) \equiv \mu_{A_1}^*$ などと略して書くと，右辺の $\Delta G^*$ は

$$\Delta G^* \equiv N_A(\mu_{B_1}^* + \mu_{B_2}^* - \mu_{A_1}^* - \mu_{A_2}^*) \quad (3)$$

$\log \frac{P_{B_1}}{P^*} = \log P_{B_1} - \log P^*$ などを使えば式 (2) の左辺から $P^*$ は消えて

$$\log \frac{P_{B_1} P_{B_2}}{P_{A_1} P_{A_2}} = -\frac{\Delta G^*}{RT}$$

全体の指数を取れば

$$\boxed{\frac{P_{B_1} P_{B_2}}{P_{A_1} P_{A_2}} = e^{-(\Delta G^*/RT)}} \quad (4)$$

$\Delta G^*$ は温度 $T$ と $P^*$ で決まる量であり各成分の分圧 $P_i$ には依存しない．その意味でこの式も化学平衡の法則だといえるが，前項のようにモル密度の関係式にするには書換えが必要である．

**モル密度での表現** 6.1 項の式と同じ形にするために，各成分 $i$ の分圧 $P_i$ をモル密度 $n_i$ で書き換えよう．成分 $i$ のモル数を $m_i$ とすると，モル密度は $n_i = \frac{m_i}{V}$ だから，状態方程式より

$$P_i = \frac{m_i RT}{V} = \frac{m_i}{V} RT = n_i RT \quad (5)$$

これを式 (4) に代入すれば

$$\frac{n_{B_1} n_{B_2}}{n_{A_1} n_{A_2}} = e^{-(\Delta G^*/RT)}$$

## 6.3 平衡定数の公式

となる．6.1 項式 (2) と比較すれば

$$\text{平衡定数：} \quad K = e^{-(\Delta G^*/RT)} \tag{6}$$

**一般の反応** 式 (4) あるいは式 (5) を一般的な化学反応に拡張しておこう．左ページの議論は前項式 (1) という反応に対するものだったが，より一般的な化学反応を考える（ただしすべて理想気体だとする）．

$$\nu_1 A_1 + \nu_2 A_2 + \cdots \rightleftharpoons \nu_1' B_1 + \nu_2' B_2 + \cdots \tag{7}$$

$A_i$ や $B_i$ は反応に関わる粒子を表し，$\nu$ は 1 や 2 などの整数である．1 回の反応で $\nu$ 個の粒子が関わることを意味する（たとえば 6.1 項式 (3) 参照）．

このような反応では，反応進行度 $\xi$ が 1 増えると，（たとえば）粒子 $A_1$ の個数 $N_{A_1}$ は $\nu_1$ だけ減り，粒子 $B_1$ の個数 $N_{B_1}$ は $\nu_1'$ だけ増える．

$$\frac{dN_{A_1}}{d\xi} = -\nu_1, \quad \frac{dN_{B_1}}{d\xi} = \nu_1'$$

これを使うと平衡条件 $\frac{dG}{d\xi} = 0$ は

$$(\nu_1' \mu_{B_1} + \nu_2' \mu_{B_2} + \cdots) - (\nu_1 \mu_{A_1} + \nu_2 \mu_{A_2} + \cdots) = 0 \tag{8}$$

ここで，反応による分子数の増加を表す数（マイナスならば減少）

$$\Delta \nu = (\nu_1' + \nu_2' + \cdots) - (\nu_1 + \nu_2 + \cdots)$$

を導入しよう．$\Delta \nu$ が 0 でない場合には，式 (4) に対応する式から $P^*$ は消えず

$$\frac{P_{B_1}^{\nu_1'} P_{B_2}^{\nu_2'} \cdots}{P_{A_1}^{\nu_1} P_{A_2}^{\nu_2} \cdots} = e^{-(\Delta G^*/RT)} (P^*)^{\Delta \nu} \tag{9}$$

となる．ただし

$$\Delta G^* = N_A (\nu_1' \mu_{B_1}^* + \nu_2' \mu_{B_2}^* + \cdots) - N_A (\nu_1 \mu_{A_1}^* + \nu_2 \mu_{A_2}^* + \cdots) \tag{10}$$

である（$\mu^*$ はすべて，圧力が $P^*$ のときの化学ポテンシャル）．式 (9) の右辺を，圧力比で表したときの平衡定数という意味で**圧平衡定数**という．

また，式 (5) を使って分圧 $P_i$ をモル密度 $n_i$ で書き換えれば

$$\frac{n_{B_1}^{\nu_1'} n_{B_2}^{\nu_2'} \cdots}{n_{A_1}^{\nu_1} n_{A_2}^{\nu_2} \cdots} = e^{-(\Delta G^*/RT)} \left(\frac{P^*}{RT}\right)^{\Delta \nu}$$

この式の右辺を，密度（濃度）比で表したときの平衡定数という意味で，**密度平衡定数（濃度平衡定数）**という．$\Delta \nu = 0$ のときはどちらの平衡定数も式 (6) に等しい．

## 6.4 標準ギブズエネルギー

前項の最後に導いた平衡定数の式には $P^*$ という量が出てくる．しかし $\Delta G^*$ も $P^*$ に依存する量であり，理想気体の場合に $\Delta G^*$ の具体的な式を使えば，平衡定数全体としては $P^*$ 依存性はなくなる．つまり $P^*$ を何に選んでも，それに応じた $\Delta G^*$ の値を使えば，平衡定数は正しく計算できる．実際には $P^* = 1$ 気圧と選ぶのが普通であり，それに応じた平衡定数の具体的な求め方を以下で説明しよう．

**標準ギブズエネルギー**　平衡定数をえるには前項の $\Delta G^*$ の具体的な値が必要だが，前項の式 (3) あるいは式 (10) からわかるように，これは各物質のギブズの自由エネルギー $G$ ($= N\mu$) からえられる．$P^* = 1$ 気圧としたときは，1 気圧，1 モル，そして何らかの温度 $T$ での $G$ である（平衡定数は温度によって変わる）．この $G$ を**標準ギブズエネルギー**といい $G^*$ と書く．そして式 (3) あるいは式 (10) をわかりやすく書けば

$$\Delta G^* = \{\text{生成系全体の } G^*\} - \{\text{原系全体の } G^*\}$$

となる．

$\Delta G^*$ がプラスだと平衡定数は小さくなる．つまり反応はあまり進まない．$\Delta G^*$ がプラスであるとは，生成系側の物質の $G^*$ が大きいことを意味する．平衡条件は $\mu$ (すなわち $G$) が反応の前後でつり合うということだったので，$G^*$ が大きければ $\log \frac{P}{P^*}$ は小さくなければならない．つまり分圧 $P$ が小さいということで，その成分の割合は小さくなる．

> 平衡条件：$G$（原系）$= G$（生成系）
> $\longrightarrow$ $\begin{cases} G = G^* + RT \log \frac{P}{P^*} \text{ なので} \\ \quad G^* \text{ が大きければ } P \text{ は小さい} \end{cases}$

具体的に $\Delta G^*$ の値を求める方法を説明しよう．まず，ギブズの自由エネルギー $G$ とは

$$G = (U + PV) - TS = H - TS$$

## 6.4 標準ギブズエネルギー

なので（$H = U + PV$ は 5.2 項で導入したエンタルピー），$G$ は $H$ と $S$ からえられる．これらは実験から求められる量である（厳密にいえば，$H$ に関してはえられるのは各物質間の差である ⋯ 以下の説明を参照）．

**エントロピーの測定**　まずエントロピー $S$ だが，これを求めるときの基本的な関係式は，物質の温度を準静変化で上げていくときに必要な熱 $Q$ についての関係式である．温度 $T$ の物体に微小な熱 $Q$ を与えたときのエントロピーの上昇を $\Delta S$ とすれば，4.2 項式 (9) より

$$Q = T\Delta S \quad \text{すなわち} \quad \Delta S = \frac{Q}{T}$$

である．つまり，ある圧力で絶対零度から温度を少しずつ上げていくときに必要な熱 $Q$ を測定し，$\frac{Q}{T}$ を足し合わせていけば，その圧力，各温度でのその物質のエントロピーがえられる．下図にも描いたように，相転移するときはその温度で潜熱分の熱を与えなければならないので，エントロピーは不連続的に上がる．

下図では絶対零度でのエントロピーをゼロとしている．絶対零度ではすべての粒子がエネルギー最低の状態になるので，微視的状態が1つに決まり，微視的状態数 = 1，つまりその対数であるエントロピーはゼロになる．これを**熱力学第 3 法則**ということもある．ただし，絶対零度でも微視的状態数が 1 にならないことがわかっている物質もあり，その場合はその分（**残留エントロピー**という）を加えなければならない．

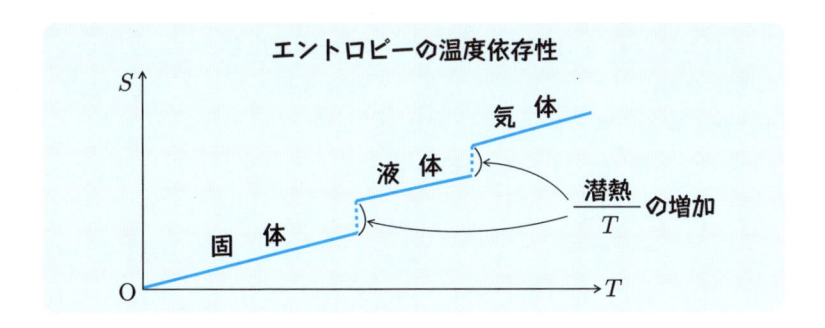

エントロピーの温度依存性

1 気圧，1 モルのときの $S$ を特に**標準エントロピー**といい，理科年表などに表にされている．

## 6.5 生成エンタルピー・生成熱

**生成エンタルピー** エントロピーは 0K でゼロになるという法則があるので，そこを基準にして他の温度での $S$ も決まる．しかしエネルギーはそうはいかない．エネルギー保存則とは，エネルギーの「変化」が全体としてはゼロであるという法則であり，エネルギーの値自体は決まらない．特に位置エネルギーの場合，どの位置を基準点（エネルギー $= 0$）とするかは任意である．

分子のエネルギー（あるいはエンタルピー）を考える場合に問題になるのは，分子を構成している原子間の結合エネルギー（= 原子間の位置エネルギー + 分子内での原子の運動によるエネルギー）である．すべての原子をばらばらにした状態をエネルギーの基準点にするということも考えられるが，（単原子理想気体と呼ばれるものを除けば）常温でそのような状態が実現しているわけではない．

化学で便利なのは，単体状態（単一の元素の状態）を基準にすることである．そして，化合物を（同じ温度，同じ圧力下の）単体，つまり元素から合成したときの，エンタルピーの増加分を考える．その増加分を，その化合物の**生成エンタルピー**という．**単体が基準になるので，単体の生成エンタルピーはゼロである．**

**生成熱** 生成エンタルピーは**生成熱**とも呼ばれる．その理由を説明しよう．

$$A + B \longrightarrow C$$

という反応によって，単体 A と B から化合物 C を合成することを考えよう．ちょうど 1 モルの C が合成されるだけの A と B が用意され，反応は 1 気圧，一定の温度で進んだとする．そのときに「吸収される熱」を，（その温度での）**標準生成熱**と呼ぶ．熱が放出される場合は，生成熱はマイナスだとする．それを $Q$ と書くと（前項の $Q$ とは別物），$Q > 0$ ならば吸熱反応（熱を与えなければ温度が下がる），$Q < 0$ ならば発熱反応（同じく温度が上がる）である．

生成熱は 2 つの起源をもつ（以下の議論は相転移での潜熱の場合と同様である…5.2 項）．まず，化合物 C がもつ内部エネルギー $U$ が，単体 A と B それぞれがもつ内部エネルギー $U$ の和よりも大きければ，その差を熱として吸収する（$Q > 0$）．第 2 に，もし反応後の物質の体積が反応前の物質全体の体積よりも大きければ，膨張するときに外部に仕事をするので，その分のエネルギー

## 6.5 生成エンタルピー・生成熱

も供給しなければならない．

$$\text{生成熱} = \text{内部エネルギーの増加} + \text{体積増加による仕事}$$

つまり

$$Q = \Delta U + P\Delta V = \Delta(U + PV) = \Delta H$$

ただし反応は準静的に一定の圧力のもとで進行させるとし，$P\Delta V = \Delta(PV)$ を使った（定圧過程）．結局，定圧過程での生成熱を測定すればそれがエンタルピーの変化量であることがわかった．したがって，生成熱は生成エンタルピーに他ならず，標準生成熱は**標準生成エンタルピー**とも呼ばれる．

**反応熱** 生成熱とは，化合物を単体から合成するときに出入りする熱だが，一般の化学反応でも熱の出入りがある．それを**反応熱**という．その大きさは，(反応が定圧過程ならば) 原系と生成系のエンタルピーの差なので，それぞれの生成エンタルピーがわかっていれば計算することができる．

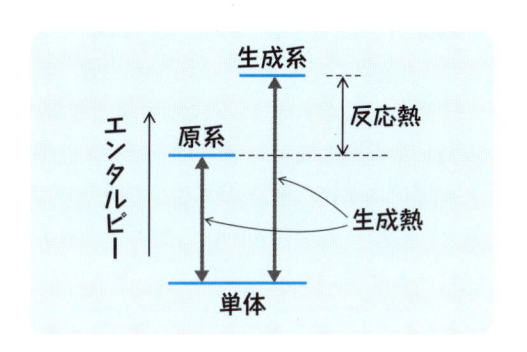

---

**課題** 次の反応は発熱反応か，吸熱反応か．
(a)  $C + O_2 \longrightarrow CO_2$    (b)  $2CO + O \longrightarrow 2CO_2$
(c)  $CO + H_2O \longrightarrow CO_2 + H_2$

ただし 25°C で考えることにすると，標準生成エンタルピーは，$CO_2$：$-393.51$, $CO$：$-110.54$, $H_2O$：$-241.83$ （$C, O_2, H_2$ は単体なのでゼロ）である（単位は kJ/モル）．

**注** 上図とは逆に，生成エンタルピーはマイナスであることが多い．化合物では原子間の結合が強いので内部エネルギーが減るからである．　　〇

**解答** (a)  $(-394.51) - (0 + 0) = -394.51 < 0 \cdots$ 発熱
(b)  $2 \times (-393.51) - \{2 \times (-111.54) + 0\} = -563.94 < 0 \cdots$ 発熱
(c)  $\{(-393.51) + 0\} - \{(-110.54) + (-241.83)\} = -41.14 < 0 \cdots$ 発熱
いずれも発熱反応である．$CO_2$ での原子間の結合が強いので内部エネルギーが小さいからである．

# 6.6 平衡定数の計算

標準エントロピー（$S^*$ と書く）と標準生成エンタルピー（$H^*$ と書く）の，測定に基づく計算方法を説明したので，いよいよ $\Delta G^*$ の計算にとりかかる．その手順には2通りある．$\Delta G^*$ は原系と生成系の $G^*$ の差であり，また

$$G = H - TS \tag{1}$$

なので

**手順1**：$H^*$ と $S^*$ の値を使って $G^*$ を計算し，それからその差 $\Delta G^*$ を求める．
**手順2**：$H^*$ と $S^*$ それぞれの差（$\Delta H^*$ と $\Delta S^*$）をまず計算し，それから $\Delta G^*$ を求めてもよい．$\Delta G^* = \Delta H^* - T\Delta S^*$ を使う．

手順1で注意すべきなのは，6.4項で説明した標準エントロピーと，6.5項で説明した標準生成エンタルピーでは，基準点が違うことである．標準生成エンタルピーは単体状態を基準としているので，式 (1) で一緒に使うには，エントロピーのほうも単体基準にしておかなければならない．それを**標準生成エントロピー**と呼ぶことにしよう．

> **課題1** $CO_2, CO, C$（黒鉛）および $O_2$ の（6.4項で説明した意味での）標準エントロピー（25°C）はそれぞれ（単位は J/K・モル）
> $$CO_2 : 213.64, \quad CO : 197.90, \quad C : 5.69, \quad O_2 : 205.03$$
> （C だけ固体状態なので値が小さい）
> である．$CO_2$ と $CO$ の標準生成エントロピーを求めよ．
> **解答** $CO_2$： $213.64 - (5.69 + 205.03) = 2.92$ （J/K・モル）
> $CO$ ： $197.90 - (5.69 + \frac{205.03}{2}) = 89.70$ （J/K・モル）

このようにして求めた標準生成エントロピーを式 (1) に代入して計算した $G$ を，**標準生成ギブズエネルギー**という．25°C に関してはこれも文献に表として示されており，上の課題のような計算をする必要はない場合も多い．

> **課題2** $2CO + O_2 \longrightarrow 2CO_2$ という反応の 25°C での圧平衡定数を求めよ．$O_2$ が1気圧とき，分圧の比 $\frac{P_{CO}}{P_{CO_2}}$ ($\equiv k$ とする) を求めよ．$CO$ と $CO_2$ の標準生成ギブズエネルギーはそれぞれ $-137.27$ kJ/モル，$-394.38$ kJ/モルとせよ．

## 6.6 平衡定数の計算

**解答** $\frac{\Delta G^*}{RT} = \frac{(-394380+137270)\times 2}{8.31\times 298} \fallingdotseq -208 \Rightarrow e^{-(\Delta G^*/RT)} \fallingdotseq 2.15\times 10^{90}$
化学平衡の法則は，$P_{O_2} = 1$ 気圧 $= P^*, \Delta\nu = -1$ であることを考えれば
$$\frac{P_{CO_2}^2}{P_{CO}^2} = 2.15\times 10^{90}$$
となる．これの平方根の逆数をとれば $\frac{P_{CO}}{P_{CO_2}} \fallingdotseq 0.68\times 10^{-45}$
　平衡状態では CO はほとんど存在していないということだが，CO と $O_2$ を混ぜてもすぐに反応して平衡状態になるというわけではない．

　手順 2 の場合は，6.4 項で説明した標準エントロピーをそのまま使うことができる．原系と生成系のエントロピーの差だけが必要なのだから，それらの基準が共通になっていればよいからである．

　前項の課題の反応を例にとって，手順 2 により平衡定数を計算してみよう．

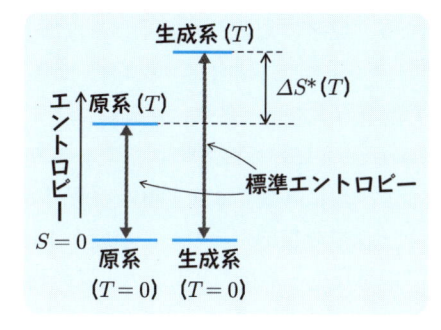

**課題 3** $CO + H_2O \longrightarrow H_2 + CO_2$ という反応の 25°C (298 K) での平衡定数を求めよ．ただしそれぞれの物質の標準エントロピーは（単位は J/K・モル）
　　　　$H_2$ : 130.59，　$CO_2$ : 213.64，　CO : 197.90，　$H_2O$ : 188.72
**考え方** 手順 2 の式のうち $\Delta H^*$ は前項の課題で求めた．ただし単位に注意．25°C, 1 気圧では $H_2O$ は液体（水）だが，ここでは低圧だとして気体状態であるとする．$P^* = 1$ 気圧に選んだとしても，化学平衡の法則はあらゆる圧力で成り立つ．
**解答** $\Delta S^* = -(197.90 + 188.72) + (130.59 + 213.64) = -42.39$ (J/K・モル)
したがって，6.5 項課題の結果（$\Delta H^* = -41.14$ kJ/モル）を用いて
$$\Delta G^* = -41.14\times 10^3 + 298\times 42.39 \fallingdotseq -41,140 + 12,639$$
$$\fallingdotseq -28,500 \text{ (J/モル)}$$
平衡定数 $K$ は 6.3 項式 (6) より
$$K = e^{-(\Delta G^*/RT)} = e^{(28500/8.31\times 298)} \fallingdotseq e^{11.5} \fallingdotseq 1.0\times 10^5$$
少なくとも 25°C では反応はほぼ 100% 右側に進むことを意味する（化学の用語を使えば CO の還元力が強いということである）．

# 6.7 温度依存性（ルシャトリエの原理）

**平衡定数と温度**　平衡定数を2つの部分に分けて書くと

$$K \propto e^{-(\Delta H^*/RT)} e^{\Delta S^*/R} \tag{1}$$

である．まず，発熱反応（$\Delta H^* < 0$）と吸熱反応（$\Delta H^* > 0$）の違いを確認しよう．発熱反応だったら上式の第1項が大きくなるので，平衡状態では生成系の割合が大きくなる（反応がかなり進む）．吸熱反応だったら第1項が小さくなり，原系の割合が大きくなる（反応はあまり進まない）．これはエンタルピーが（基本的には内部エネルギーが）小さい方向に反応が進むということで，4.7項のエネルギー効果（正確にはエンタルピー効果）である．

$\Delta H^*$ も $\Delta S^*$ も温度によってあまり変化しないことが知られている．したがって一般に高温では第1項の効果が小さくなる（$\frac{\Delta H^*}{T}$ の絶対値が減るので）．たとえば発熱反応だったら，温度を上げると生成系の割合が減る．つまり逆反応（吸熱反応）が起こり温度の上昇の程度を抑制する．一般に，環境（温度や圧力）を変えると，その変化を抑制する方向に平衡状態が移動することを**ルシャトリエの原理**という．

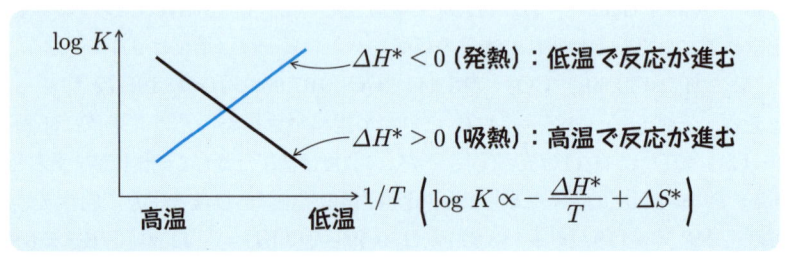

（図：$\log K$ 対 $1/T$ のグラフ．$\Delta H^* < 0$（発熱）：低温で反応が進む．$\Delta H^* > 0$（吸熱）：高温で反応が進む．$\log K \propto -\frac{\Delta H^*}{T} + \Delta S^*$）

**平衡定数の温度依存性**　$\Delta H^*$ も $\Delta S^*$ も温度によらないと仮定して，平衡状態が温度によってどのように変わるかを計算してみよう．

> **課題**　(a) $CO_2$ を真空の容器の中に入れ全圧を1気圧にし，温度は25℃に保つ．その一部は CO と $O_2$ に解離している．前項課題2の結果を使って分圧 CO を求めよ．

## 6.7 温度依存性（ルシャトリエの原理）

(b) 容器の容積を調整しながら全圧を 1 気圧に保ち，CO の分圧と $CO_2$ の分圧を等しくしたい．約何 °C まで熱すればよいか．

**考え方** 前項課題 2 の逆反応 $2CO_2 \longrightarrow 2CO + O_2$ として考える．これは吸熱反応だから，温度が上がればこの反応は右側に進むはずである．

**解答** (a) 化学平衡の法則は

$$\frac{P_{CO}^2 P_{O_2}}{P_{CO_2}^2} = e^{-(\Delta G^*/RT)} (1 \text{ 気圧}) \tag{2}$$

この課題の状況では $P_{O_2} = \frac{P_{CO}}{2}$ であり，しかも $P_{CO}$ は非常に小さいので $P_{CO_2} = 1$ 気圧としてよい．したがって $\frac{P_{CO}^3}{(1\text{ 気圧})^3} \fallingdotseq \frac{2}{2.15} \times 10^{-90}$
これより $P_{CO} \fallingdotseq (\frac{2}{2.15} \times 10^{-90})^{1/3}$ 気圧 $\fallingdotseq 1 \times 10^{-30}$ 気圧
つまり平衡状態ではほとんど解離していない．ただし，前項課題 2 と比べると CO の比率は大きい．ここでは $O_2$ の分圧が小さいため，$2CO + O_2 \longrightarrow 2CO_2$ という解離の逆反応が起こりにくいためである．

(b) 全圧が 1 気圧，$P_{O_2} = \frac{P_{CO}}{2}$ という条件も考えれば，$P_{CO_2} = P_{CO} = 2P_{O_2} = 0.4$ 気圧と決まる．これを式 (2) に代入すれば

$$e^{-(\Delta G^*/RT)} = 0.2$$

すなわち

$$\frac{\Delta G^*}{T} \fallingdotseq -R \log 0.2 \fallingdotseq -8.31 \times (-1.61) \text{ J/K} \cdot \text{モル} \fallingdotseq 13.4 \text{ J/K} \cdot \text{モル}$$

になるような温度 $T$ を探す問題になる．

エンタルピーについては 6.5 項の課題，エントロピーについては前項の課題 1, 3 のデータを使えば（単位は J/K・モル）

$$\frac{\Delta G^*}{T} = \frac{\Delta H^*}{T} - \Delta S^*$$
$$= \frac{2 \times (-110{,}540 + 393{,}510)}{T} - (2 \times 197.90 + 205.03 - 2 \times 213.64)$$
$$= \frac{565940}{T} - 173.55$$

である．これが 13.4 に等しいということから，$T \fallingdotseq 3000\,\text{K}$ ($\fallingdotseq 2700\,°\text{C}$) であることがわかる．

以上の計算は $\Delta H^*$ や $\Delta S^*$ が温度に依存しないという，厳密には正しくない仮定を使っているが，大雑把な傾向はわかる．温度が上昇すると解離が急速に進むことがわかるだろう．

# 6.8 溶液内での化学平衡

これまでは，理想気体の場合の化学反応を議論してきた．化学ポテンシャルの形がわかっているので具体的な議論ができた．基本は，一般に気体 $i$ に対して

$$\mu_i(T, P_i) = \mu_i(T, P^*) + kT \log \frac{P_i}{P^*}$$

という式が成り立つことであった（6.3 項）．$P^*$ はある定数であり，どう選んでも構わないのだが，もし全圧 $P$ だとすれば，$\frac{P_i}{P}$ は，気体 $i$ の粒子数の割合に他ならない（5.5 項）．つまり上式右辺の第 2 項は，混合のエントロピーの効果である．

5.5 項では，希薄溶液に対しても，溶質の化学ポテンシャルについて同様の式が成り立つと説明した．5.5 項式 (6) によれば，溶質 $i$ の粒子数の割合を $x_i$ とすれば，その化学ポテンシャルは

$$\mu_i(T, P, x_i) = g_i(T, P) + kT \log x_i \tag{1}$$

という式を満たす．したがって，希薄溶液内での溶質の化学反応も，理想気体と同様な議論で，化学平衡の法則（質量作用の法則）を導くことができる．

たとえば，溶液中の化学反応

$$A + B \rightleftharpoons C + D$$

を考えよう．溶液での場合，たとえば溶質 A の，溶液 1 kg 中のモル数（質量モル濃度）を [A] というように書くのが習慣である．これを使えば平衡の式は

$$\frac{[A][B]}{[C][D]} = K(P, T) \tag{2}$$

という形になる．右辺の平衡定数 $K$ は $T$ と $P$ のみの関数であり $g_i(T, P)$ から決まる．ただし理想気体の場合と違って，$g_i$ には，成分 $i$ が純物質であるときの化学ポテンシャルといった意味はないことに注意（$g_i$ は，分子 $i$ が溶媒分子に囲まれていることの効果も含んだ量である．5.5 項の最後を参照）．

したがって平衡定数 $K$ を，各溶質の標準ギブズエネルギーから計算するといった議論はできない．しかしいったん $K$ の値を，ある特定の成分比をもつ実際の溶液で測定しておけば，式 (2) は任意の成分比で成り立つので有用な式になる．

## 6.8 溶液内での化学平衡

**弱酸の電離**　酢酸は水溶液中では**電離**して，次のような反応を起こしている．

$$CH_3COOH + H_2O \rightleftharpoons CH_3COO^- + H_3O^+ \qquad (3)$$

両方向を向く反応を示した．$CH_3COOH \rightleftharpoons CH_3COO^- + H^+$ と書かれることも多いが，水素イオン $H^+$ は単独では存在できず，周囲の水分子と結合して複雑な構造をもつ．それをしばしば $H_3O^+$ と記す．ただし $H_2O$ は溶質ではなく溶媒の分子であり，希薄溶液ならば上式の反応が起きてもその濃度はほとんど変化しない．つまり $[H_2O]$ は定数だと考えてよく，化学平衡の式からは省いて

$$\frac{[CH_3COO^-][H_3O^+]}{[CH_3COOH]} = K \qquad (4)$$

と書いてよい．

---

**課題**　酢酸水溶液を考える．電離していないとしたときの酢酸のモル濃度を $n$，また，式 (3) の反応を起こしている割合（電離度）を $\alpha$ とする．$n$ と $\alpha$ を使って式 (4) を表せ．この反応の場合，$K \fallingdotseq 1.75 \times 10^{-5}$ モル/kg であることを使って，$n = 0.1$ モル/kg のときの電離度 $\alpha$ および $[H_3O^+]$ を求めよ．

**解答**　電離度の定義より $[CH_3COO^-] = [H_3O^+] = \alpha n$ であり，その残りが酢酸分子である．つまり $[CH_3COOH] = (1-\alpha)n$．したがって式 (4) は

$$\frac{(\alpha n)(\alpha n)}{(1-\alpha)n} = K \quad \text{より} \quad \frac{\alpha^2}{1-\alpha} = \frac{K}{n}$$

となる．また，課題で与えられた値に対しては $\frac{K}{n} \ll 1$ だから $\alpha \ll 1$ になるので

$$\alpha \fallingdotseq \sqrt{\frac{K}{n}} = \sqrt{1.75 \times 10^{-4}} \fallingdotseq 1.3 \times 10^{-2}$$

$$[H_3O^+] = \alpha n = 1.3 \times 10^{-3} \text{ モル/kg}$$

**注**　水中では $2H_2O \rightleftharpoons H_3O^+ + OH^-$ という反応も起きているが，この反応から生じる $H_3O^+$ は非常に小さい（$[H_3O^+][OH^-] = 10^{-14}$ (モル/kg)$^2$）．○

---

**コメント　活量**　実際には式 (1) はかなり希薄でないと不正確になるケースが多い．そのようなケースまで議論を広げるには $\mu_i(T, P, x_i) = g_i(T, P) + kT \log a_i$ という式から定義される新しい量 $a_i$ を導入する．これを**活量**（あるいは**活動度**）という．$a_i$ は $x_i$ の関数であり，$x_i$ が小さいときは $x_i$ に一致する．これまで溶液の化学ポテンシャルに出てきた $x_i$（第 5 章の浸透圧や沸点上昇，凝固点降下も含む）はすべて $a_i$ に置き換えられるので，これらの現象から $a_i$ を決めることができる．　　○

## 復習問題

以下の [ ] の中を埋めよ（解答は 138 ページ）．

☐ **6.1** 化学反応が起きるときにはその逆反応も起こる．そのバランスが取れた状態が平衡状態である．平衡状態では，各物質の密度のある比率が一定の値となる．これを [ ① ] といい，この値を [ ② ] という．

☐ **6.2** 化学反応は熱力学的には，[ ③ ]（反応前の物質）と [ ④ ]（反応後の物質）の間の平衡の問題である．両方の [ ⑤ ] の和が等しくなったときが平衡状態であり，その式から，平衡定数の具体的な値が定まる．

☐ **6.3** 平衡定数は，原系と生成系の標準 [ ⑥ ] の差で決まる．標準 [ ⑥ ] とは，1 気圧，1 モルでの純粋状態の [ ⑥ ] である．

☐ **6.4** 標準ギブズエネルギーは標準 [ ⑦ ] と標準エントロピーから計算できる．標準エントロピーは絶対零度から温度を上げていくときに必要な [ ⑧ ] がわかれば $\Delta S = \frac{Q}{T}$ という公式から計算できる．

☐ **6.5** エンタルピーとは，[ ⑨ ] に $PV$ を足したものであるが，実際には [ ⑨ ] の影響が大部分である．エンタルピー自体の値は基準に依存するが，通常は [ ⑩ ] をエンタルピー $= 0$ とする．このように定義したときのエンタルピーを [ ⑪ ] エンタルピーという．[ ⑪ ] エンタルピーは化学反応における生成熱から求められる．

☐ **6.6** 温度が変わると，化学反応はその変化を弱める方向に動く．これを [ ⑫ ] という．たとえば吸熱反応では温度が [ ⑬ ] と反応は進む．これはエンタルピーの効果 $\left(\frac{\Delta H^*}{RT}\right)$ が減るからである．

☐ **6.7** 圧力が [ ⑭ ] と気体の解離は進む．同様に，溶液が [ ⑮ ] になると電離は進む．

## 応用問題

□**6.8**
$$2\text{CO} + \text{O}_2 \longrightarrow 2\text{CO}_2$$
という反応（6.6 項課題 2）を
$$\text{CO} + \tfrac{1}{2}\text{O}_2 \longrightarrow \text{CO}_2$$
という反応だとみなすと，化学平衡の法則の式はどのように変わるか．

ヒント：実質的内容は変わらないことを示す．

□**6.9** 6.7 項課題の (b) で，圧力一定ではなく，容器の体積一定のまま温度を上げると，$P_{\text{CO}} = P_{\text{CO}_2}$ となる温度は高くなるか低くなるか．

ヒント：体積を増やさないということは圧力が高くなるということである．圧力を上げると，反応は圧力を下げる方向（分子数が少ない方向）に進む．これも広い意味でルシャトリエの法則と呼ぶこともある．

□**6.10** アンモニア $\text{NH}_3$ を容器の中に入れ，$\text{NH}_3$ の分圧は 1 気圧に，温度は 25 °C に保つ．解離反応があるので $\text{N}_2$ と $\text{H}_2$ も共存している．

$$2\text{NH}_3 \longrightarrow \text{N}_2 + 3\text{H}_2$$

分圧 $P_{\text{N}_2}$ を求めよ．ただし 25 °C での $\text{NH}_3$ の標準生成ギブズエネルギーは $G^* = -16.64\,\text{kJ/モル}$ である．

ヒント：ここでは計算を簡単にするため，全圧ではなく $\text{NH}_3$ の分圧を 1 気圧としている．$\text{N}_2$ と $\text{H}_2$ は解離によってできるので
$$P_{\text{H}_2} = 3P_{\text{N}_2}$$
であることに注意．また，$\text{N}_2$ と $\text{H}_2$ を混ぜてもすぐに反応して上記の平衡状態になるわけではない．迅速に反応させるためには触媒が必要である．

□**6.11** 上問の解離は吸熱反応なので温度を上げれば解離は進む．ここでは全圧が 1 気圧に固定されているとする．$\text{N}_2$ の分圧を 0.1 気圧にするには何 °C にしたらよいか．25 °C の $\text{NH}_3$ の標準生成エンタルピーは $H^* = -46.19\,\text{kJ/モル}$ であるとし，標準エントロピーと標準生成エンタルピーの温度依存性を無視する．

## 6.12

$$CO + H_2O \longrightarrow H_2 + CO_2$$

という反応は，6.5 項の課題によれば発熱反応である．1000°C での平衡定数は 25°C での値（6.6 項課題 3）と比べて大きくなるか小さくなるか，ルシャトリエの原理から答えよ．また，標準エントロピーと標準生成エンタルピーの温度依存性を無視して，1000°C での平衡定数を計算せよ．

---

**復習問題の解答**

① 化学平衡の法則（質量作用の法則），② 平衡定数，③ 原系，④ 生成系，⑤ 化学ポテンシャル，⑥ ギブズエネルギー，⑦ エンタルピー，⑧ 熱，⑨ 内部エネルギー，⑩ 単体，⑪ 生成，⑫ ルシャトリエの法則，⑬ 上がる，⑭ 減る，⑮ 希薄，

# 第7章

# ボルツマン因子と等分配則

　ある温度のもとで，エネルギー $E$ をもつ状態の実現確率は $e^{-E/kT}$ に比例する．この関数をボルツマン因子という．これを使って理想気体の等分配則について考える．古典力学では，現実に反して，低温でも等分配則が成り立つことが証明できてしまう．しかし量子力学では許されるエネルギーがとびとびになるということを使えば，低温では凍結する（起こらない）運動があることがわかる．また，ボルツマン因子を使った正準分布の方法というものを紹介し，理想気体に適用する．

> 理想気体中の速度分布
> ボルツマン因子の由来
> 等分配則
> 等分配則の破れ
> 正準分布の方法－分配関数
> 理想気体への応用
> 単振動の統計力学
> 正準分布の方法について

## 7.1 理想気体中の速度分布

4.9 項で議論した重力中の理想気体の話を思い出そう。上方に行くと粒子の密度は減るが、その減り方は

$$粒子の密度 \propto e^{-Mgz/kT} \tag{1}$$

と表せるというのが結論だった（同項式 (5)）。ただし気体全体が温度 $T$ に保たれているとする。4.9 項では高度を $x$ と書いたが、これからは横方向の動きも考えるので、高度は $z$ とした。

$M$ は粒子（分子）の質量、$g$ は重力加速度なので、$Mgz$ とは粒子の重力による位置エネルギーである。高度が大きくなると位置エネルギーが増え、その位置に存在する粒子数は指数関数的に減少するということである。

気体の中では粒子は自由に動き回っている。各粒子の高度は常に変わっている。どの高度に位置する確率もすべて同じだったら、単純な拡散の問題になり (3.3 項)、粒子の分布は一様になるだろう。しかしもし

$$各粒子が高度 z に位置する確率 \propto e^{-Mgz/kT} \tag{2}$$

だったら、気体全体としても高い位置に存在する粒子の数が少なくなり、式 (1) のような密度分布が実現するだろう。

**ボルツマン因子** 位置エネルギー $Mgz$ をまとめて $E$ と書くと、式 (2) の右辺は $e^{-E/kT}$ と書ける。$E$ が位置エネルギー以外のエネルギーのときも、粒子がエネルギー $E$ をもつ確率は $e^{-E/kT}$ という関数（ボルツマン因子という）に比例するというのが、統計力学の重要な定理である。この定理の証明は後回しにし（次項）、この項ではまず、この定理から導かれる一つの重要な結果を紹介する。

**運動エネルギーの場合** 気体中の粒子の速度を考える。粒子はさまざまな速度で動いている（並進運動）。向きまで考え、速度をベクトルとして $\bm{v} = (v_x, v_y, v_z)$ と表すと

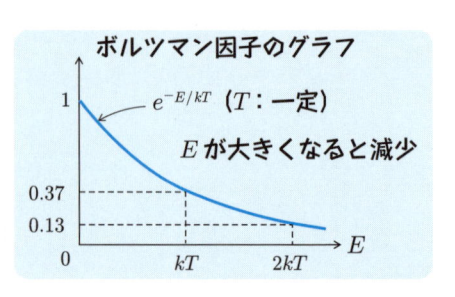

**ボルツマン因子のグラフ**

$e^{-E/kT}$ （$T$：一定）

$E$ が大きくなると減少

## 7.1 理想気体中の速度分布

> 並進運動のエネルギー：
> $$E_{並進} = \frac{M}{2}\boldsymbol{v}^2 = \frac{M}{2}(v_x^2 + v_y^2 + v_z^2) \tag{3}$$

である．同じ場所にある粒子でもさまざまな運動エネルギーをもっているだろう．もし運動エネルギーについても $e^{-E/kT}$ という式が使えるとすれば，速度 $\boldsymbol{v} = (v_x, v_y, v_z)$ をもつ粒子の数は $e^{-E_{並進}/kT}$ に比例すると想像される．**大きい運動エネルギーをもつ粒子の数は，指数関数的に減少することになる**．このことを

粒子が速度 $\boldsymbol{v} = (v_x, v_y, v_z)$ をもつ確率：
$$p(\boldsymbol{v}) = Ce^{-E_{並進}/kT} \tag{4}$$

と表現する．これを**マクスウェル（–ボルツマン）の速度分布**と呼ぶ．比例係数 $C$ は，確率の合計（積分）が 1 になるという条件から決まる．

$$C = \frac{1}{\int e^{-E_{並進}/kT} dv_x dv_y dv_z}$$

---

**課題** 式 (4) を使って，各温度 $T$ での 1 粒子の平均運動エネルギー（$\langle E_{並進} \rangle$ と書く）を計算せよ．

**ヒント** $x$ という量の確率分布が $p(x)$ であるとき，平均値は $\langle x \rangle = \Sigma x p(x)$ である．式 (4) の場合には積分になるが，必要な公式は
$$\int e^{-ax^2} dx = \sqrt{\frac{\pi}{a}}, \quad \int x^2 e^{-ax^2} dx = \frac{1}{2a}\sqrt{\frac{\pi}{a}}$$
（どちらも積分範囲は $-\infty < x < \infty$），すなわち $\frac{\int x^2 e^{-ax^2} dx}{\int e^{-ax^2} dx} = \frac{1}{2a}$

**解答** まず $v_x^2$ の平均値 $\langle v_x^2 \rangle$ を計算しよう．
$$e^{-E_{並進}/kT} = e^{-(M/2kT)v_x^2} e^{-(M/2kT)v_y^2} e^{-(M/2kT)v_z^2}$$
というように分解でき，$v_x$ の確率分布は第 1 項だけで決まる．つまり
$$p(v_x) = Ce^{-(M/2kT)v_x^2} \quad \text{ただし} \quad C = \frac{1}{\int e^{-(M/2kT)v_x^2} dv_x}$$
したがって上の公式より（$a = \frac{M}{2kT}$ である）
$$\langle v_x^2 \rangle = C \int v_x^2 e^{-(M/2kT)v_x^2} dv_x = \frac{1}{2}\left(\frac{2kT}{M}\right) = \frac{kT}{M} \tag{5}$$
3 方向を加えれば，$\langle E_{並進} \rangle = \left(\frac{M}{2} \times \frac{kT}{M}\right) \times 3 = \frac{1}{2}kT \times 3 = \frac{3}{2}kT$

1 つの運動方向に対して平均エネルギーは $\frac{1}{2}kT$ である．これはまさに，2.2 項で紹介した等分配則に他ならない．

# 7.2 ボルツマン因子の由来

**多粒子を含む系への拡張**　前項は，多数の粒子を含む気体中に存在する1粒子がもつエネルギーの話だった．しかしボルツマン因子は，必ずしも1粒子の話に限定する必要はない．非常に大きな系（環境あるいは熱浴）に囲まれた小さな系，ただしそれ自体が膨大な粒子を含んでいるという系にも拡張することができる．環境に囲まれているので，それがもつエネルギーが変化しても温度 $T$ が一定に保たれていればよい．

そのような（小さなほうの）系が，環境とエネルギーのやり取りをしている（熱的接触）とする．その系が，「エネルギー $E$ をもつ，ある微視的状態になる確率」が，やはりボルツマン因子 $e^{-E/kT}$ に比例するのである（証明は以下でする）．この系がエネルギー $E$ をもつ確率ではないことに注意．同じエネルギー $E$ をもつ微視的状態が $\rho(E)$ 個あるとすれば，この系のエネルギーが $E$ になる確率は，$\rho(E)e^{-E/kT}$ に比例する．

**証明**　以上の話は4.5項で議論したことと深く関係している．4.5項では，対象物と環境（熱浴）の熱的な接触を考え，全エントロピー最大という条件を考えた．具体的には，全エネルギーを $U_0$，対象物のエントロピーを $S(U)$，環境のエントロピーを $S_\mathrm{e}(U_0 - U)$ とし

$$\text{全エントロピー} = S_\mathrm{e}(U_0 - U) + S(U) \tag{1}$$

を最大にする．そして

$$S_\mathrm{e}(U_0 - U) \fallingdotseq S_\mathrm{e}(U_0) + \frac{dS_\mathrm{e}(U_0)}{dU_0}(-U) = S_\mathrm{e}(U_0) - \frac{U}{T} \tag{2}$$

と展開して計算を進めた．**熱浴は対象物に比べて大きい（$U_0 \gg U$）**ので，**その温度 $T$ は $U$ には依存しない定数である**ということがポイントである．

式 (1) が最大という条件は，さかのぼれば3.5項の微視的状態数を最大にするという条件に行きつく．内部エネルギー $U$ をもつ対象物の微視的状態数を $\rho(U)$，内部エネルギー $U_0 - U$ をもつ環境の微視的状態数を $\rho_\mathrm{e}(U_0 - U)$ と書くと，このようにエネルギーを分配したときの全体の微視的状態数は

$$\rho(U)\rho_\mathrm{e}(U_0 - U) \tag{3}$$

## 7.2 ボルツマン因子の由来

となる．エントロピー $S$ とは $\rho$ の対数にボルツマン定数 $k$ を掛けたものだから

$$S_e(U_0 - U) = k \log \rho_e(U_0 - U) \quad \Rightarrow \quad \rho_e = e^{S_e/k}$$

であり，これに式 (2) の展開を代入すると

$$\rho_e(U_0 - U) \risingdotseq e^{S_e(U_0)/k} e^{-U/kT} \tag{4}$$

となる．右辺の最初の因子は全エネルギー $U_0$ が一定ならば単なる定数であり，2 番目の因子が重要だが，これがまさにボルツマン因子である．外力による対象物の位置エネルギーも考えるときは，内部エネルギーだけではないという意味で $U$ を $E$ と書けば，この因子は $e^{-E/kT}$ となる．

この因子は何を意味するだろうか．すべての微視的状態が同確率で実現するので，微視的状態数 (式 (3)) が，各エネルギー分配の実現確率に比例するというのが，統計力学の基本原理だった (等重率の原理 $\cdots$ 3.4 項)．では，同じ考え方で，対象物の「特定の状態 $i$」が実現する確率 ($p_i$ と書く) はどうなるだろうか．

その状態のエネルギー $U$ を $E_i$ としよう．特定の状態と限定しているので，同じエネルギーをもつ他の状態ではいけない．つまりこの実現確率の計算では $\rho(E_i)$ を掛けてはいけない．しかし環境のほうの微視的状態はそのエネルギーが $U_0 - E_i$ である限り何でも構わないので，結局，対象物の状態が $i$ になる確率は

$$p_i \propto \rho_e(U_0 - E_i) \propto e^{-E_i/kT} \tag{5}$$

となる．（証明終）

**分配関数** 各状態が実現する確率はボルツマン因子に比例する．その比例係数は，全確率が 1 になるという条件から決まる．比例係数を（習慣に基づき）$\frac{1}{Z}$ として

$$p_i = \frac{1}{Z} e^{-E_i/kT} \tag{6}$$

と書こう．$Z$ (**分配関数**という) は，すべての状態に対する確率 $p_i$ の和が 1 になるという条件 $\sum p_i = \frac{1}{Z} \sum_i e^{-E_i/kT} = 1$ から決まり

$$\text{分配関数：} \quad Z = \sum_i e^{-E_i/kT} \tag{7}$$

となる．またエネルギーの平均値は（$\langle E \rangle$ と記す）

$$\langle E \rangle = \sum_i E_i p_i = \frac{1}{Z} \sum_i E_i e^{-E_i/kT} \tag{8}$$

という式で計算できる．

# 7.3 等分配則

ボルツマン因子の最も簡単な応用が 7.1 項のマクスウェルの速度分布だった．それによって単原子分子理想気体のモル比熱が $\frac{3}{2}R$ であることを理論的に説明できた（3.7 項の課題でも証明したことだが）．では，他のタイプの理想気体については，ボルツマン因子から何がいえるだろうか．

2.2 項では，2 原子分子気体の代表として，水素のモル比熱の温度依存性を示した．低温では単原子分子（アルゴンなど）の場合と同様に $\frac{3}{2}R$ だが，常温では $\frac{5}{2}R$ になり，さらに高温では $\frac{7}{2}R$ に近づく．

これは等分配則という規則性と関係があるという説明を 2.2 項でした．等分配則を簡単にいえば，物質の温度を 1 K 上げるためには，その構成粒子のさまざまな運動（並進，回転，振動など）のエネルギーをすべて，それぞれ平均 $\frac{k}{2}$ だけ増やさなければならない（1 モル当たりでは $\frac{R}{2}$）という規則である．

たとえばヘリウムやアルゴンなど，一つ一つの原子が独立に分子として行動する単原子分子気体では，原子（分子）の運動エネルギーは，並進運動のエネルギー（7.1 項式 (3)）である．1 粒子当たり 3 つの項があるので，平均エネルギーは $\frac{3}{2}RT$，モル比熱は $\frac{3}{2}R$ になる．

**回転運動**　水素 $H_2$ や酸素 $O_2$ などの 2 原子分子では，分子全体は移動しなくても，向きを変えるというタイプの運動がある．これが **回転運動** である．分子の，ある基準とする方向からの傾きの角度（回転角）を $\theta$ としよう．並進運動のエネルギーが速度の 2 乗に比例したように，回転運動のエネルギーは回転速度の 2 乗に比例する．回転速度とは角度 $\theta$ の時間微分 $\frac{d\theta}{dt}$（通常 $\dot{\theta}$ と書く）であり

$$E_{回転} = \frac{I}{2}\dot{\theta}^2 \tag{1}$$

と書ける．$I$ は慣性モーメントという量だが，単に比例定数だと思えばよい．

ここでもボルツマン因子を使えば，分子が回転速度 $\dot{\theta}$ で回転している確率は $e^{-E_{回転}/kT}$ に比例する．したがって 7.1 項の課題と同じ計算をすれば

$$\langle E_{回転}\rangle = \langle \frac{I}{2}\dot{\theta}^2\rangle = C\int \frac{I}{2}\dot{\theta}^2 e^{-(I/2)\dot{\theta}^2/kT} d\dot{\theta} = \frac{1}{2}kT \tag{2}$$

となり等分配則が成り立っている．式 (2) も，7.1 項式 (5) も，変数は違うが同じ型の積分なので，結果が同じになるのも当然である．

## 7.3 等分配則

**2原子分子の回転**

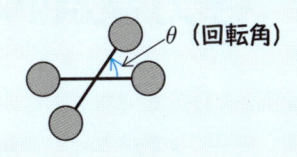

*θ*（回転角）

**独立の2つの回転**

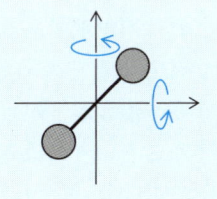

2原子分子の回転運動には，回転軸の方向の違いにより，独立な2つのタイプのものがあり，回転運動のエネルギーの式も実際には，式 (1) のタイプの2つの項の和になる．したがって $\langle E_{回転} \rangle$ は式 (2) の2倍の $kT$ になる．これより，温度を1K上げるのに必要な平均エネルギーは $k$，1モル当たりでは $R$ になり，並進運動の $\frac{3}{2}R$ と合わせれば，水素の常温でのモル比熱 $\frac{5}{2}R$ が再現される．なぜ低温では $\frac{5}{2}R$ にならないのかという疑問は残るが，それは次項で考える．

**振動**　2原子分子の場合，原子間の距離が増減する，**振動**という運動がある．振動が微小ならば，力学での単振動という運動によって表現することができる．その場合，原子間の平均距離からのずれを $X$，その速度を $V$ とすると，エネルギーは $V^2$ に比例する項（運動エネルギー）と $X^2$ に比例する項（位置エネルギー）の和である．どちらも変数の2乗に比例するので，それぞれについて，式 (2) と同じ計算をすれば，2つの項を加えて

$$\langle E_{振動} \rangle = \tfrac{1}{2}kT \times 2 = kT$$

となる．これを1モル分加えれば，高温での水素のモル比熱 $\frac{7}{2}R$ が説明できるが，なぜ高温でなければならないのだろうか．

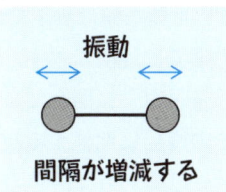

**振動**

間隔が増減する

## 7.4 等分配則の破れ

温度にかかわりなく等分配則が導かれてしまった．しかし実際の比熱を見るとそうではない．常温では振動という運動の効果は現れず，低温になると（比熱が $\frac{3}{2}R$ に下がるのだから）回転運動の効果も現れなくなる．

しかしよく考えるとこれは不思議である．たとえば回転運動の場合，回転速度 $\dot{\theta}$ を小さくすれば，いくらでもそのエネルギー（前項式(1)）を小さくできるように見える．したがって温度が下がって内部エネルギーが下がったとしても，回転運動が起きなくなるというのは考えにくい．

実際，前項式(2)の計算が正しいとすれば，回転運動の平均エネルギーは，温度を下げても小さくはなるがゼロにはならない．エネルギーは温度に比例するから比熱は一定になる．この計算のどこに間違いがあるのだろうか．

**量子力学でのエネルギー準位**　20世紀初頭，気体に限らず（低温で）等分配則が成り立たないさまざまな現象が発見され，物理学上の深刻な問題になっていた．原子・分子という考え方自体が間違っていると主張する有名な学者もいた．

しかし実験が進み，原子核の周囲を電子が動いているという原子像の正しさが認められてくると，問題はそれらの粒子の動きを決める力学の法則にあることが明らかになってきた．

たとえば原子核の周りを回る電子のエネルギーは，従来の力学（現在では古典力学という）によれば連続的に変えることができる．電子の速さを少し変えれば，それに応じて軌道もエネルギーも少し変わるが，運動としては可能である．しかし現実の原子では，その中の電子のエネルギーは自由に変えることはできず，可能な値は無限にはあるが，とびとびであることがわかった．これは従来の力学では説明できず，新しい「量子力学」という学問が誕生することになった．

量子力学に関しては，このライブラリでも第5巻で詳しく説明するが，ここでの議論に関係する点は，狭い領域に閉じ込められた粒子のエネルギーは連続的には変われず，とびとびになるということである．

ここで，ボルツマン因子 $e^{-E/kT}$ を考えてみよう．$e^{-x}$ は $x$ の増加とともに急激に減少する関数であり，特に $e^{-\infty} = 0$ である．したがって絶対零度（$T=0$）では $E>0$ の状態はすべて，確率がゼロになる．

## 7.4 等分配則の破れ

といっても，エネルギーの基準点は自由に選べることに注意しよう．たとえばある状態のエネルギーが $E$ だといっても，基準点を変えて $E + E_0$ とすることもできる（$E_0$ は状態に依存しない定数）．するとボルツマン因子は

$$e^{-(E+E_0)/kT} = e^{-E_0/kT} e^{-E/kT}$$

となる．しかし $e^{-E_0/kT}$ はすべての状態に共通の定数なので，「ボルツマン因子がその状態の実現確率に比例する」という主張には影響しない．

そこで話を簡単にするため，運動のない状態（正確にはエネルギーの最も小さい状態）のエネルギーを $E = 0$ とする．他の状態はすべて $E > 0$ になるので，絶対零度では実現しないことがすぐにわかる．

温度 $T$ がわずかでもプラスになると，$E \neq 0$ でも $\frac{E}{kT}$ があまり大きくならない状態（ボルツマン因子 $e^{-E/kT}$ があまり小さくならない状態）ならば実現する．

従来の力学（古典力学）ではいくらでもエネルギーが小さい（ゼロに近い）状態が考えられた．しかし量子力学によれば，粒子がもちうるエネルギーはとびとびになる．最低エネルギーの状態を $E = 0$ とし，運動はしているが，そのうちではエネルギーの最も小さい状態のエネルギーを $E_1$ としよう．もし温度が低く，$kT$ が $E_1$ よりかなり小さいとすれば（$\frac{E_1}{kT} \gg 1$），ボルツマン因子 $e^{-E_1/kT}$ は非常に小さくなり，そのような状態が実現する確率はほとんどゼロになる．より大きなエネルギーをもつ状態はなおさらである．つまり $E = 0$ の状態（運動なしの状態）以外はほとんど実現しない．これを**運動の凍結**という．

一般に，ある温度で，あるタイプの運動が起こるかどうかは，そのタイプの運動の最低エネルギー $E_1$ と，$kT$ との大小関係で決まる．通常

$$E_1 = kT$$

という式で決まる温度をその運動の**特性温度**という．特性温度がその運動が起こるかどうかの目安を与える．たとえば水素分子の場合，回転運動の特性温度は約 100 K，振動の特性温度は約 6000 K である．

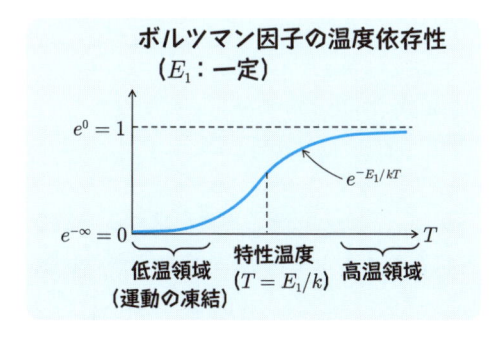

# 7.5 正準分布の方法 ― 分配関数

前項までは，ボルツマン因子を気体中の 1 粒子に適用してきた．しかし 7.2 項で説明したように，これは温度が一定に保たれている，外部と熱的な接触を保っているマクロな系にも適用できる．むしろそれが，統計力学の中心的課題でもある．

より正確に表現すれば，この考え方では，同じ温度に保たれている，同じ構成要素からできているマクロの系を無数に考える．周囲とのエネルギーの出入りがあるので各系の微視的状態は絶えず変わっているが，各時刻での，ある微視的状態 $i$（エネルギー $E_i$）をもつ系の数が，ボルツマン因子 $e^{-E_i/kT}$ に比例していると考える．そのような系の集団を**正準集団**（**カノニカル-アンサンブル**）といい，そのような微視的状態の分布を**正準分布**（**カノニカル分布**あるいは**ボルツマン分布**）という．これに対して，特定のエネルギーをもつ微視的状態数の勘定を出発点とするこれまでの方法（第 3 章，第 4 章）を，**ミクロカノニカル分布による方法**という．

**分配関数の性質** 正準分布の方法では，分配関数（7.2 項式 (6)）の計算が中心的な役割を果たす．分配関数が計算できれば，それからさまざまな量がえられるからである．

まず $\beta \equiv \frac{1}{kT}$ という変数を導入して，分配関数 $Z$ を

$$Z(\beta) = \sum_i e^{-\beta E_i}$$

と書こう．$Z$ は温度すなわち $\beta$ の関数であり，また系の体積および粒子数の関数でもある（それらは $E_i$ を通して現れる）．そのうち特に $\beta$ で微分すると

$$\frac{\partial Z}{\partial \beta} = \sum_i (-E_i) e^{-\beta E_i} = -Z \sum_i E_i p_i = -Z \langle E \rangle$$

7.2 項式 (5) と (7) を使った．すなわち

$$\langle E \rangle = -\frac{1}{Z} \frac{\partial Z}{\partial \beta} \tag{1}$$

次に，$Z$ から状態方程式を求める方法を説明しよう．系の体積 $V$ を変えれば各状態のエネルギー $E_i$ も変わるが，状態 $i$ の圧力を $P_i$ とすれば

$$\Delta E_i = -P_i \Delta V \quad \Rightarrow \quad \frac{\partial E_i}{\partial V} = -P_i$$

## 7.5 正準分布の方法－分配関数

である．したがって $\frac{\partial e^{-\beta E_i}}{\partial V} = -\beta \frac{\partial E_i}{\partial V} e^{-\beta E_i} = \beta P_i e^{-\beta E_i}$ なので，圧力の平均 $\langle P \rangle$ は

$$\langle P \rangle = \sum P_i p_i = \frac{1}{Z} \sum P_i e^{-\beta E_i}$$
$$= \frac{1}{\beta Z} \sum \frac{\partial e^{-\beta E_i}}{\partial V} = \frac{1}{\beta Z} \frac{\partial}{\partial V} \left( \sum e^{-\beta E_i} \right) = \frac{1}{\beta Z} \frac{\partial Z}{\partial V} \quad (2)$$

となる．$Z$ が $\beta$, $V$ そして $N$ の関数として与えられていれば，この式から状態方程式を求めることができる．

**自由エネルギーとエントロピー** 式 (1) や (2) は，$\log Z$ という関数を考えると，さらに簡単な形に書ける．$X$ を何らかの変数（$\beta$ あるいは $V$）としたとき，合成関数の微分公式により $\frac{\partial \log Z}{\partial X} = \frac{\partial Z}{\partial X} \frac{d \log Z}{dZ} = \frac{1}{Z} \frac{\partial Z}{\partial X}$ である（偏微分の記号と常微分の記号を混ぜて書いているが，式自体は普通の微分公式である）．これを使うと式 (1) と式 (2) はそれぞれ

$$\langle E \rangle = -\frac{\partial \log Z}{\partial \beta} = kT^2 \frac{\partial \log Z}{\partial T} \quad (3)$$
$$\langle P \rangle = \frac{1}{\beta} \frac{\partial \log Z}{\partial V} = kT \frac{\partial \log Z}{\partial V} \quad (4)$$

式 (4) での $V$ での微分は，$\beta$（すなわち $T$）を定数とみなしたときの微分なので，ヘルムホルツの自由エネルギー $F$ に対する公式 $P = -\frac{\partial F}{\partial V}|_T$ と同じ形であり

$$F = -\frac{1}{\beta} \log Z = -kT \log Z \quad (5)$$

であることを示唆する．実際，式 (5) は式 (3) とも合致することを示そう．

> **課題** 式 (5) が正しいとして，$E = F + TS$ という関係から式 (3) を導け．
> **考え方** $S = -\frac{\partial F}{\partial T}$ を使う．
> **解答** この式を使えば
> $$F + TS = -kT \log Z + T(k \log Z + kT \frac{\partial \log Z}{\partial T}) = kT^2 \frac{\partial \log Z}{\partial T}$$

しかしここで一つ問題がある．式 (3) はエネルギーの平均値 $\langle E \rangle$ であった．これを単に $E$（あるいは $U$）と書いてよいのだろうか．これは正準分布の方法の根幹に関する話なので，また後 (7.8 項) で議論しよう．

# 7.6 理想気体への応用

以下では単原子分子理想気体を取り上げ，正準分布の手法を適用する．単原子分子理想気体については，特定のエネルギーをもつ微視的状態数の勘定を出発点とする方法を 3.7 項ですでに解説した（ミクロカノニカル分布の方法）．正準分布を使っても，えられる結果はすでに説明したものだけだが，より幅広い適用範囲がある正準分布の方法の解説として読んでいただきたい．

**分配関数**　温度 $T$ という環境に置かれた，粒子数 $N$ 個からなる単原子分子理想気体を考える．理想気体であり（つまり粒子間の位置エネルギーは考えない），しかも単原子分子なので，その運動エネルギーは各粒子の並進運動のエネルギーの合計である．つまり 7.1 項式 (3) の形をした，合計 $N$ 個の項の和になる．

そのうちの $n$ 番目の項の値を $\varepsilon_n$ と書こう．理想気体全体のエネルギーの値が $E_i$ であるとき（$i$ は気体全体の微視的状態を表す添え字）

$$E_i = \varepsilon_1 + \varepsilon_2 + \cdots + \varepsilon_N$$

なので，ボルツマン因子は（$\frac{1}{kT} = \beta$ として）$e^{-\beta E_i} = e^{-\beta \varepsilon_1} e^{-\beta \varepsilon_2} \cdots e^{-\beta \varepsilon_N}$
分配関数 $Z$ は，この因子のすべての状態に対する和なので

$$Z = \sum_i e^{-\beta E_i} = \sum_{\text{各粒子のすべての状態の組合せ}} e^{-\beta \varepsilon_1} e^{-\beta \varepsilon_2} \cdots e^{-\beta \varepsilon_N} \qquad (1)$$
$$= \left( \sum_{\text{各粒子のすべての状態}} e^{-\beta \varepsilon} \right)^N$$

つまり，1 つの粒子に対する分配関数

$$z \equiv \sum e^{-\beta \varepsilon} \qquad (2)$$

の $N$ 乗になる．これは全エネルギーが各粒子のエネルギーの和で書ける（＝相互関係はない）場合に成り立つことである．

**1 粒子の分配関数**　上式の $z$ を計算しよう．式 (2) は，1 粒子のすべての状態についての和である．(少なくとも量子力学以前では) 粒子の状態は，その速度と位置によって決まる．それについての和の計算に困難があることは 3.7 項（微視的状態数の計算）ですでに指摘した．位置も速度も連続的に変われるとすれば無限個の状態がありうるので，どのように和を取るかがわからないという問

## 7.6 理想気体への応用

題である．しかし 3.7 項では，位置も速度も，和を積分に置き換えた計算結果に比例するだろうと考え，比例係数については未知のまま議論を進めた．ほとんどの議論は比例係数に依存しないので，それで十分であった（ただし量子力学では比例係数まで正確に求められることは指摘しておく）．

ここでの $z$ の計算も同じように考える．まず，ボルツマン因子は粒子の位置に依存しないので，位置についての合計は，位置全体についての積分，つまり体積 $V$ に比例すると考える．また速度についての和は積分に置き換えれば（7.1 項の課題参照）

$$\int e^{-\beta E_{運動}} dv_x dv_y dv_z = \int e^{-\beta(M/2)v_x^2} e^{-\beta(M/2)v_y^2} e^{-\beta(M/2)v_z^2} dv_x dv_y dv_z$$
$$= \left(\int e^{-\beta(M/2)v^2} dv\right)^3 \propto \beta^{-3/2}$$

結局 $z \propto V\beta^{-3/2}$ すなわち $Z = Z^N \propto V^N \beta^{-3N/2} \propto V^N T^{3N/2}$ となる．ただし，この気体を構成している粒子がすべて同種のものだとすれば，4.11 項で説明した同種粒子効果があり

$$Z \propto V^N \frac{\beta^{-3N/2}}{N!} \propto V^N \frac{T^{3N/2}}{N!} \tag{3}$$

とするのが，より正確な表現である．対数にすれば（積が和になるので）

$$\log Z = \log V^N + \log T^{3N/2} - \log N! + 定数$$
$$= N \log V + \frac{3N}{2} \log T - N(\log N - 1) + 定数 \tag{4}$$

となる（第 3 項には付録 B.2 の式を使ったが，下の課題では必要はない）．

> **課題** 式 (4) を前項式 (3) と (4) に使うことで，単原子分子理想気体のエネルギーの式と状態方程式を求めよ．
> 
> **解答** エネルギー（前項式 (3)）は温度についての微分なので，$\log Z$ の第 2 項のみが関係し $\langle E \rangle = kT^2 \times \frac{3N}{2} \frac{d \log T}{dT} = kT^2 \times \frac{3N}{2} \frac{1}{T} = \frac{3}{2} kNT$
> 圧力（前項式 (4)）は体積についての微分なので，$\log Z$ の第 1 項のみが関係し
> $$\langle P \rangle = kT \times N \frac{d \log V}{dV} = \frac{kNT}{V}$$
> どちらも，平均値であることを気にしなければ，よく知られた結果である．

自由エネルギーやエントロピーは章末問題 7.10 参照．

## 7.7 単振動の統計力学

正準分布の方法では，分配関数の計算が一般には難しい．しかし正確な計算が可能である場合がいくつか知られており，その一例である単振動を紹介しよう．

単振動（別名，調和振動）とは，フックの法則で表される，ずれに比例した復元力による振動である．気体中の 2 原子分子の運動の一つが（近似的には）単振動であり，また，固体中の原子の運動も，(多くの原子が同時に動く運動だが) 広い意味での単振動である．したがってここでの話は，2 原子分子理想気体や，固体のデュロン–プティの法則（1.9 項）に関係した問題になる．

**古典力学での計算** すでに 7.3 項で説明したように，古典力学で考えれば等分配則が成立する．7.3 項でのように直接，エネルギーの平均値を計算してもよいが，分配関数を使ってみよう．まず単振動のエネルギーは（7.3 項での記号を使って）

$$E_{振動} = \frac{M}{2}V^2 + \frac{k}{2}X^2 \tag{1}$$

と書けるので，ボルツマン因子は

$$e^{-\beta E_{振動}} = e^{-\beta(M/2)V^2} e^{-\beta(k/2)X^2}$$

となり，分配関数は

$$z = \sum e^{-\beta E_{振動}} \propto \int e^{-\beta(M/2)V^2} dV \times \int e^{-\beta(k/2)X^2} dX \propto \beta^{-1} \tag{2}$$

と書ける（単振動 1 つ分の分配関数なので小文字の $z$ で書いた）．$N$ 個の粒子が単振動をしていれば全体の分配関数は $Z = z^N \propto \beta^{-N}$ となり，これを 7.5 項式 (3) に代入すれば（$\log Z = -N \log \beta + $ 定数 だから）

$$\langle E \rangle = N\beta^{-1} = kNT$$

である．比熱（$= \frac{d\langle E \rangle}{dT}$）にすれば，1 つの単振動当たり $k$ の寄与をもつことになる．もちろん古典力学での計算なので低温で振動の効果がなくなるということはなく，その点では現実と矛盾する．

**量子力学での計算** ここで知らなくてはならない量子力学の知識は，単振動をしている粒子のエネルギーが，ある量（$\varepsilon$ とする）を単位として，等間隔のとびとびになるということである．$\varepsilon$ は物質ごとに，たとえば $H_2$ であるか $O_2$ であるか $N_2$ であるかによって決まる数である．

## 7.7 単振動の統計力学

つまり，単振動をしている1つの粒子がもちうるエネルギーは，低いほうから順番に $\varepsilon_n$ とすれば ($n=0,1,2,\cdots$)

$$\varepsilon_n = n\varepsilon$$

となる（これに，$n$ によらないある定数を足す場合もあるが，エネルギーの基準点は自由に選べるので，ここではそれは無視する）．この運動の分配関数は

$$z = \sum_{n=0}^{\infty} e^{-\beta n\varepsilon} = \sum_{n=0}^{\infty} (e^{-\beta\varepsilon})^n \tag{3}$$

ここで，等比級数に対する公式 $1+a+a^2+a^3+\cdots = \frac{1}{1-a}$ を使えば

$$z = \frac{1}{1-e^{-\beta\varepsilon}} \tag{4}$$

> **課題** 上式を使って，$N$ 個の単振動からなる系の平均エネルギーと比熱を求めよ．また，比熱の高温極限 ($\beta \to 0$) と低温極限 ($\beta \to \infty$) と求めよ．
>
> **解答** $\log Z = \log z^N = -N\log(1-e^{-\beta\varepsilon})$ だから
>
> $\langle E \rangle = N\frac{d}{d\beta}\log(1-e^{-\beta\varepsilon}) = \frac{N}{1-e^{-\beta\varepsilon}}\frac{d}{d\beta}(1-e^{-\beta\varepsilon}) = \frac{N\varepsilon e^{-\beta\varepsilon}}{1-e^{-\beta\varepsilon}}$
>
> 比熱 $= \frac{d\langle E\rangle}{dT} = \frac{d\beta}{dT}\frac{d\langle E\rangle}{d\beta} = -\frac{1}{kT^2}N\varepsilon\frac{d}{d\beta}\frac{e^{-\beta\varepsilon}}{1-e^{-\beta\varepsilon}}$
> $= kN(\beta\varepsilon)^2\frac{e^{-\beta\varepsilon}}{(1-e^{-\beta\varepsilon})^2}$
>
> まず高温 ($\beta \to 0$) の場合を考えると，$e^{-\beta\varepsilon} \fallingdotseq 1-\beta\varepsilon$ となり（付録A式 (A4)），比熱 $\fallingdotseq kN$ となって古典力学での計算と一致する．また低温 ($\beta \to \infty$) では $e^{-\beta\varepsilon} \ll 1$ なので，比熱 $\fallingdotseq kN(\beta\varepsilon)^2 e^{-\beta\varepsilon}$．最初に $\beta^2$ という係数があるので少し紛らわしいが，$T\to 0$ ($\beta\to\infty$) の極限では指数関数がゼロになるので比熱もゼロになる（付録Aの1(b)を参照）．運動の凍結が起きていることが分かる．
>
> **比熱の温度依存性**
> $kN(\beta\varepsilon)^2 e^{-\beta\varepsilon}/(1-e^{-\beta\varepsilon})^2$
>
> 縦軸：$kN$
> 横軸：$T$ ($\propto 1/\beta$)
> $T=0$ ($\beta=\infty$)　特性温度　$T\to\infty$ ($\beta\to 0$)

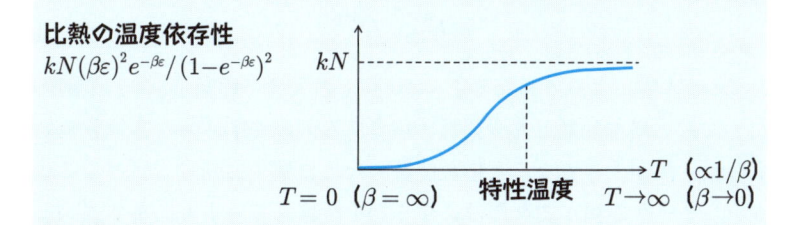

## 7.8 正準分布の方法について

最後に，正準分布の方法一般についての考察をしておこう．第3章や第4章の議論との関係，あるいは，平均値である$\langle E \rangle$を，実際のエネルギーとみなしてよいのかといった問題である．

ボルツマン因子を使えば，あるエネルギーをもつ状態がどれだけの確率で実現するかがわかる．しかし$e^{-\beta E}$という関数はどこか特定のエネルギーのところにピークをもつ関数ではなく，（$E \geqq 0$だとすれば）$E = 0$が最大でそれから単調に減少する関数である．しかしわれわれが対象としてきたのは，（ゼロではない）あるエネルギーをもつ，物質の平衡状態であった．正準分布の方法は，このような状態を扱っているといえるのだろうか．

第3章では，膨大な粒子を含む物質の状態を確率的に考察した．そして，たとえば熱的に接触している2つの物体へのエネルギーの分配は，出発点としてはすべての可能性を考えたとしても（むしろそのように考えたからこそ），確率的にほとんど100％確定するという話をした．話のポイントは粒子数が膨大であるということであった．

正準分布も同じ前提で見直してみよう．すでに7.2項で指摘したが，ボルツマン因子とは，ある特定の状態が実現する確率を表すものであり，エネルギーが$E$となる確率$p(E)$は，エネルギーが$E$である微視的状態の数$\rho(E)$を掛けて

$$p(E) \propto \rho(E) e^{-\beta E} \tag{1}$$

としなければならない．そして粒子数$N$が膨大なときは$\rho(E)$は急激な増加関数であり

$$\rho(E) \propto E^{cN} \tag{2}$$

となる（$c$は物質によって異なる1〜10程度の大きさの数…3.5項参照）．

式(1)は$E$の増加関数と減少関数の積である．$E$が小さいときは$\rho$の効果で増加するが，$E$が大きくなると指数関数のために減少に転じる．どこにピークがあるか，ピークの幅がどれだけになるかを計算してみよう．まず式(1)を

$$p(E) \propto e^{f(E)} \quad \text{ただし} \quad f(E) = cN \log E - \beta E \tag{3}$$

と書く．$p(E)$のピークは$f(E)$の最大値付近の振舞いを調べればわかる．$f$が

## 7.8 正準分布の方法について

最大になる $E$ の値を $E_0$ とし，$E_0$ 付近での $f$ の振舞いを 2 次関数で近似して

$$f(E) \fallingdotseq f(E_0) - K(E-E_0)^2$$

とする．$E_0$ は $\frac{df}{dE}=0$ という式から決まり，$K = -\frac{1}{2}\frac{d^2f}{dE^2}|_{E=E_0}$ なので，多少の計算の後（章末問題 7.14）

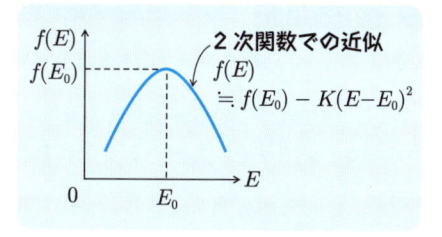

$$E_0 = \frac{cN}{\beta}\,(=ckTN), \quad K = \frac{\beta^2}{2cN} \tag{4}$$

このようなときにピークの幅を評価することはすでに 3.2 項で行っている．同じことをここでもすれば，ピークの幅 $\Delta E$ は

$$\Delta E \fallingdotseq \frac{1}{\sqrt{K}} = \frac{\sqrt{2cN}}{\beta} \tag{5}$$

となる．$E_0$ に比べて $\sqrt{\frac{2}{cN}}$ 倍である（非常に小さい）．

結局，正準分布によってあらゆるエネルギーの可能性を考えたとしても，実際のエネルギーはほとんど確実に決まることがわかる．したがって平均値 $\langle E \rangle$ も，そのように決まるエネルギーの値だといって構わない．

以上の考察から，$F = -\frac{1}{\beta}\log Z$ という自由エネルギーの公式（7.5 項）の意味も理解できる．分配関数（7.2 項式 (7)）を $\rho$ を使って積分の形で書くと

$$Z(\beta) = \int \rho(E) e^{-\beta E} dE$$

である．しかし被積分関数は，1 カ所（$E=E_0$）に鋭いピークをもち，その両側で急激にゼロに近づく関数であることがわかったので，大雑把に

$$Z(\beta) \fallingdotseq \rho(E_0) e^{-\beta E_0} \times (\text{ピークの幅})$$

と書ける．この式自体は大雑把だが対数を取って $N \to \infty$ の極限を考えれば正確な式になる．そのために，これの対数を考えると

$$\log Z \fallingdotseq \log \rho(E_0) - \beta E_0 + \log(\text{ピークの幅})$$

となるが，粒子数が膨大なときは，右辺の第 1 項，第 2 項（どちらも $N$ に比例する）と比べて第 3 項は無視できる（$\log N$ に比例）．したがって，$N \to \infty$ という極限では（$\log \rho = \frac{S}{k}, \beta = \frac{1}{kT}$ を使って）

$$\log Z = -\beta\{E_0 - TS(E_0)\}$$

となる．これは $F = -\frac{1}{\beta}\log Z$ ということに他ならない．$T$ と $V$ で表された $\log Z$ からさまざまな量が計算できるのも当然であることがわかる．

## 第7章 ボルツマン因子と等分配則

### ● 復習問題

以下の [　] の中を埋めよ (解答は 157 ページ).

☐ **7.1** 理想気体中の各分子がある速度 $v$ をもつ確率は，その運動エネルギーを $E$ とすると，$e^{-E/kT}$ に比例する．これを [ ① ] という．

☐ **7.2** この速度分布を使うと，1 粒子当たりの平均運動エネルギーは，運動の 3 方向を考えると [ ② ] であることがわかる．これはエネルギーの [ ③ ] に合致した結果である．

☐ **7.3** 一般に，温度 $T$ の環境内に置かれている系が，エネルギー $E$ のある状態になる確率は $e^{-E/kT}$ に比例する．この関数を [ ④ ] という．

☐ **7.4** $e^{-E/kT}$ は系が $E$ というエネルギーをもつと，環境から $E$ だけのエネルギーを奪うことになることから生じる，[ ⑤ ] 効果を表す因子である．

☐ **7.5** $e^{-E/kT}$ を，すべての微視的状態について合計したものを [ ⑥ ] という．[ ⑥ ] の対数は，その系の [ ⑦ ] に比例する．

☐ **7.6** 分子の回転運動の場合，回転速度は自由に変えられると仮定して平均エネルギーを計算すると，1 つの回転方向に対して，1 粒子当たり [ ⑧ ] となる．これは常温あるいは [ ⑨ ] では正しいが，[ ⑩ ] では正しくない．

☐ **7.7** 低温で等分配則が成り立たない理由は，[ ⑪ ] では説明できず，[ ⑫ ] で考えなければならない．[ ⑫ ] では，エネルギーが小さい回転運動は存在しないことがわかる．そのために低温では回転運動が起こらない．これを運動の [ ⑬ ] という．

☐ **7.8** 等分配則が成り立たなくなる目安を示す温度が [ ⑭ ] である．[ ⑭ ] $T$ は，その運動が起こる最低のエネルギーを $E_1$ とすると，[ ⑮ ] $= 1$ という式で定義される．

## 応用問題

**□ 7.9** 単独の原子の回転運動について考えよう．原子は，原子核の周囲を電子が回っているものだから，それが回転するためには電子の状態を変えなければならない．しかし原子中の電子の状態を変えるためには $10\,\mathrm{eV}$ 程度のエネルギーが必要である．ただし eV（電子ボルト）とはミクロなエネルギーを表す単位で，$1\,\mathrm{eV} \simeq 1.6 \times 10^{-19}\,\mathrm{J}$ である．ボルツマン定数は $k = 1.4 \times 10^{-23}\,\mathrm{J/K}$ として，原子の回転運動の特性温度がどの程度の温度になるかを評価せよ．

**解説**：2 原子分子の回転は考えるのに，なぜ単原子分子の回転は考えないのかという疑問への回答である．2 原子分子の回転は原子自体の位置の回転なので，電子の状態は変える必要はなく，特性温度は低くなる．

**□ 7.10** 単原子分子理想気体のヘルムホルツの自由エネルギーとエントロピーを，分配関数（7.6 項式 (4)）から求めよ．

**□ 7.11** 1 つの単振動の分配関数（7.7 項式 (4)）の高温極限を求め，古典力学の計算と一致することを確かめよ．

**□ 7.12** (a) $\displaystyle\sum_{n=1} na^n = a + 2a^2 + 3a^3 + \cdots = \frac{a}{1-a^2}$ という式を証明せよ．

**ヒント**：7.7 項の等比級数の公式を $a$ で微分する．

(b) 7.7 項の単振動 1 つ分の平均エネルギーを，7.2 項式 (8) から直接（つまり 7.5 項式 (3) を使わずに）求めよ．

**□ 7.13** それぞれ $E = 0$ と $E = \varepsilon$ というエネルギーをもつ 2 つの状態しかもたない粒子があったとする．この粒子が 1 つ，温度 $T$ の環境に置かれたときの平均エネルギーおよび比熱を計算せよ．また，この問題と 7.7 項の単振動の問題との関係を説明せよ．

**ヒント**：分配関数は $Z = 1 + e^{-\beta\varepsilon}$ である．

**□ 7.14** 7.8 項式 (3) 〜 (5) が成り立つことを示せ．

---

**復習問題の解答**

① マクスウェル（-ボルツマン）の速度分布，② $\frac{3}{2}kT$，③ 等分配則，④ ボルツマン因子，⑤ エネルギー，⑥ 分配関数，⑦ ヘルムホルツの自由エネルギー，⑧ $\frac{1}{2}kT$，⑨ 高温，⑩ 低温，⑪ 古典力学，⑫ 量子力学，⑬ 凍結，⑭ 特性温度，⑮ $\frac{E_1}{kT}$

# 付録 A  指数関数・対数関数

### 1. 指数関数
(a) **グラフ**

$a$ をある定数としたとき

$$y = a^x$$

を指数関数という．$a$ は何でもよいのだが，ここでは 1 以上の実数とする．その場合，グラフは以下のようになる．$a^0 = 1$ に注意．同じグラフに

$$y = a^{-x}$$

というグラフも描いた．

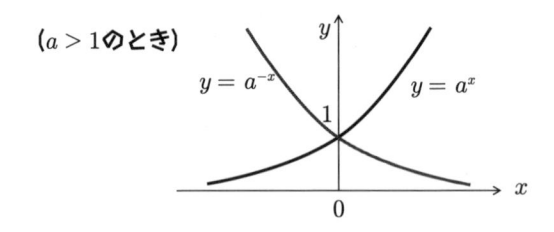

(b) **急激な増加，急激な減少**

$x$ が大きくなると $a^x$ は急激に大きくなる．これをしばしば**指数関数的な増加**という．逆に $a^{-x}$ のほうは急速にゼロに近づく．これを**指数関数的な減少**という（いずれも $a > 1$ のとき）．

$n$ を何らかの大きな数とすると，$y = x^n$ という関数も $x$ が大きくなると増加するが，$n$ がいくら大きくても $a^x$ のほうが速く増加する．つまり

$$\lim_{x \to \infty} \frac{x^n}{a^x} = 0$$

また $x^{-n}$ という関数は $x$ が大きくなるとゼロに近づくが，$a^{-x}$ のほうが速くゼロに近づく．つまり

$$\lim_{x \to \infty} \frac{a^{-x}}{x^{-n}} = 0$$

## (c) 和が積に

指数関数の重要な性質として和が積になる，つまり

$$a^{x+y} = a^x a^y \tag{A1}$$

である．たとえば $x=2, y=3$ だったら $a^5 = a^2 a^3$ という当然の式だが，$x$ や $y$ が整数でなくても成り立つ．2つ以上の和の場合も同様である．また

$$(a^x)^y = a^{xy} \tag{A1'}$$

である．たとえば $(a^3)^2 = a^3 a^3 = a^6$．

## (d) 微積分 ($a = e$)

微積分は，$a = e$（ネイピア数と呼ぶ）とすると，余分な係数がつかないので便利である．ただし $e$ は

$$e = 2.71828\cdots$$

という数であり $\lim_{n\to\infty}(1+\frac{1}{n})^n$ に等しい（数字が無限に続く無理数である）．以下では，$e$ は 2.7 程度の数であると頭に入れておけば十分である．

この場合，微分は

$$\begin{aligned}\frac{de^x}{dx} &= e^x \\ \frac{de^{kx}}{dx} &= ke^{kx}\end{aligned} \tag{A2}$$

（ここでは $k$ は任意の定数）．これより積分は

$$\begin{aligned}\int e^x dx &= e^x + 定数 \\ \int e^{kx} dx &= \frac{1}{k}e^{kx} + 定数\end{aligned} \tag{A3}$$

となる．

## (e) $x = 0$ 付近の近似式

$x = 0$ のときは $e^x = 1, \frac{de^x}{dx} = 1$ なので，$x = 0$ 付近（つまり $|x| \ll 1$）では

$$\begin{aligned}e^x &\fallingdotseq 1 + x \\ e^{kx} &\fallingdotseq 1 + kx\end{aligned} \tag{A4}$$

## 2. 対数関数
### (a) 逆関数

対数関数は指数関数の逆関数として定義される．つまり付録 A 冒頭の式で $x$ と $y$ を入れ換えた $x = a^y$ を，$x$ から $y$ を決める関係とみなして $y = \log_a x$ と書いたものを対数関数という．あるいは $y$ を，$x$ の対数であるという．

$$x = a^y \quad \Leftrightarrow \quad y = \log_a x \tag{A5}$$

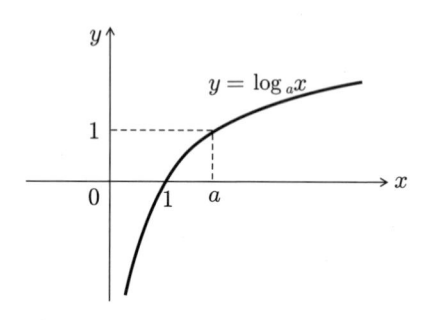

特に注意すべきところは

- $x = 1$ で $\log_a x = 0$ （これは指数関数で $a^0 = 1$ であることの結果である）．
- $\log_a a = 1$ （これは $a^1 = a$ であることの結果である）．

$a$ を対数関数の底というが，特に $a = e$ としたものを**自然対数**と呼ぶ．この本で対数といえばすべて自然対数を意味するものとする．自然対数は $\ln x$ と書くこともあるが（たとえば卓上計算機で），この本では単に $\log x$ と記す．ただし以下にあげる公式は，微積分が関係する場合を除き，底 $a$ が $e$ でなくても成り立つ．

上のグラフでは，$\log x$ は $x > 0$ の場合にのみ値が与えられている．$x < 0$ や $x$ が複素数の場合でも対数関数は定義されている（複素数になる）が，この本では必要ない．

対数と指数は互いに逆の関係にあるので，$x$ の対数の指数は $x$ に戻り，$x$ の指数の対数も $x$ に戻る．

$$\begin{aligned} e^{\log x} &= x \\ \log e^x &= x \end{aligned} \tag{A6}$$

## 付録 A 指数関数・対数関数

### (b) 穏やかな増加

$\log x$ は単調増加関数であり $x$ が無限大になると $\log x$ も無限大になるが、そのなり方は極めて緩やかである。たとえば $x = 1000$ のとき $\log 1000 \fallingdotseq 6.9$ である。$x^n$ ($n > 0$) と比べると、$n$ がいくら小さくても（つまりゼロに近くても）$\log x$ より速く大きくなる。

$$\lim_{x \to \infty} \frac{\log x}{x^n} = 0 \quad (\text{ただし } n > 0)$$

もちろん $n = 0$ になってしまえば $x^0 = 1$ なので、$\log x$ のほうが大きくはなるが。

### (c) 積が和に

次の公式も重要である。

$$\log xy = \log x + \log y \tag{A7}$$

これは式 (A1) の結果である。実際、両辺の指数を取れば

$$e^{\log xy} = e^{\log x + \log y} = e^{\log x} e^{\log y}$$

となり、式 (A6) を使えば

$$xy = xy$$

という当然の式になる。

この公式はさまざまな形に変形される。

$$\log xyz = \log x + \log y + \log z \tag{A8}$$

$$\log x^n = \log \underbrace{(xx \cdots x)}_{n \text{ 個}} = \underbrace{\log x + \log x + \cdots + \log x}_{n \text{ 個}} = n \log x \tag{A9}$$

$k$ が自然数でなくても

$$\log x^k = k \log x \tag{A10}$$

が成り立つ。特に $k = -1$ だとすれば

$$\log \tfrac{1}{x} = \log x^{-1} = -\log x \tag{A11}$$

応用として

$$\log \tfrac{x}{y} = \log x + \log \tfrac{1}{y} = \log x - \log y \tag{A12}$$

$$\log \tfrac{xyz\cdots}{x'y'z'\cdots} = \log x + \log y + \log z \cdots - \log x' - \log y' - \log z' \cdots \tag{A13}$$

$k = \frac{1}{2}$ だとすれば

$$\log \sqrt{x} = \log x^{1/2} = \tfrac{1}{2} \log x \tag{A14}$$

これらは具体的な数値を求めるのにも有用である．たとえば $\log 2 \fallingdotseq 0.693, \log 3 \fallingdotseq 1.099$ を知っているとすれば

$$\log 6 = \log 2 + \log 3 \fallingdotseq 1.792$$

アボガドロ数は約 $6 \times 10^{23}$ という膨大な数だが，その対数は

$$\log(6 \times 10^{23}) = \log 6 + \log 10^{23} = \log 6 + 23 \log 10 \fallingdotseq 55$$

となり（$\log 10 \fallingdotseq 2.30$ を使った），あまり大きな数ではない．

(d) **微分**

次の公式は極めて重要である．

$$\tfrac{d}{dx} \log x = \tfrac{1}{x} \tag{A15}$$

もし底が $a\ (\neq e)$ だったら余分な比例係数が付くが $a = e$ であればそれがない．この公式のために自然対数というものが定義されたのである．

この式より，グラフの傾き（つまり増加率）は常にプラスだが，$x$ が大きくなると増加率がゼロに近づくことがわかる．このことは，$x$ が非常に大きい場合も，$\log x$ はそれほど大きくはならないことを意味する．

微分して $x^n$ になる関数は $\frac{x^{n+1}}{n+1}$ だが，この関係は $n = -1$ のときは（そしてその場合に限り）成り立たない．微分の結果が $x^{-1}$ になるという意味で，$n = -1$ に対応するのが上の公式 (A15) である．

(e) **積分**

微分の公式よりすぐに，不定積分の公式

$$\int \tfrac{1}{x} dx = \log x + \text{定数} \tag{A16}$$

がえられる．定積分で書けば

$$\int_{x_1}^{x_2} \tfrac{1}{x} dx = \log x_2 - \log x_1 = \log \tfrac{x_2}{x_1} \tag{A17}$$

(f) **$x=1$ 付近の近似式** (ここの内容は付録 B で使う.)

$x=1$ で対数はゼロである ($\log 1 = 0$). 次に, 1 から少しだけずれたときの対数を考えよう. $\log x$ の微分は $\frac{1}{x}$ だから, $x=1$ での接線の傾きは 1 である. したがって $\log x$ の値は, 1 付近では 1 からのずれ (図の $\Delta x$) に等しくなるだろう. これは $\Delta x$ がプラスでもマイナスでも変わらない.

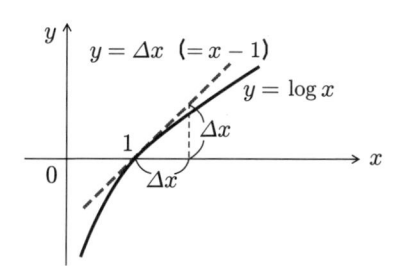

つまり, $|\Delta x| \ll 1$ のとき

$$\log(1+\Delta x) \fallingdotseq \Delta x \tag{A18}$$

である. 数学のテイラー展開という考え方を使うと, さらに正確な近似式がえられる. 結論だけ記すと

$$\log(1+\Delta x) \fallingdotseq \Delta x - \tfrac{1}{2}(\Delta x)^2 \tag{A19}$$

となる. $\Delta x$ を $-\Delta x$ と書き直せば

$$\log(1-\Delta x) \fallingdotseq -\Delta x - \tfrac{1}{2}(\Delta x)^2 \tag{A19'}$$

# 付録 B　スターリングの公式を使った粒子分布の計算

## 1．スターリングの公式

階乗の公式

$$n! = n(n-1)(n-2)\cdots 1$$

は形は簡単だが，たとえば $n = 10^{23}$ だったら，コンピュータでも計算は容易ではない．しかし $n$ が大きいときに便利な公式があり

$$n! \fallingdotseq \sqrt{2\pi n}\, n^n e^{-n} \tag{B1}$$

と書ける．**スターリングの公式**という．たとえば $n = 10$ だったら

$$10! \fallingdotseq 3.629 \times 10^6$$
$$\sqrt{2\pi \cdot 10}\, 10^{10} e^{-10} \fallingdotseq 3.599 \times 10^6$$

である．以下ではこの公式の対数を考える．

$$\begin{aligned}\log n! &\fallingdotseq \log n^n + \log e^{-n} + \log \sqrt{n} + \log \sqrt{2\pi} \\ &= n\log n - n + \tfrac{1}{2}\log n + 定数\end{aligned} \tag{B2}$$

$n$ が非常に大きいときは第 1 項が最大で，第 3 項（$\log n$）も $n$ に比べれば小さい（付録 A.2(b)）．したがって

$$\log n! \fallingdotseq n\log n - n \tag{B3}$$

という簡略した近似式を使う．

## 2．場合の数

$N$ 個の気体分子のうちの $n$ 個が容器の左半分に位置する場合の数は

$$_N\mathrm{C}_n = \frac{N!}{n!(N-n)!}$$

であった．これにスターリングの公式を適用するのだが，対数で計算したほうが見通しがよい（後でエントロピーの計算でもこの対数を使う）．

式 (B3) を使えば

$$\begin{aligned}\log n! &\fallingdotseq n\log n - n \\ \log(N-n)! &\fallingdotseq (N-n)\log(N-n) - (N-n) \\ \log N! &\fallingdotseq N\log N - N = \{n+(N-n)\}\log N - \{n+(N-n)\}\end{aligned} \tag{B4}$$

付録B　スターリングの公式を使った粒子分布の計算

だから

$$\log {}_N C_n = \log N! - \log n! - \log(N-n)!$$
$$\fallingdotseq n(\log N - \log n) + (N-n)\{\log N - \log(N-n)\}$$
$$= n \log \frac{N}{n} + (N-n) \log \frac{N}{N-n} \tag{B5}$$

3.2項でも説明したように，半分ずつ分かれたとき（$\frac{n}{N} = \frac{1}{2}$）に ${}_N C_n$ は最大になる．そして，そこからずれたときに確率がどのように減少するのかが，我々の関心事である．そこで，半分からのずれの割合を表す変数 $\delta$（デルタ）を

$$\delta \equiv \frac{n}{N} - 0.5 \quad (\text{すなわち } n = N(\tfrac{1}{2} + \delta))$$

と定義する．

$$\tfrac{n}{N} = \tfrac{1}{2} + \delta, \quad \tfrac{N-n}{N} = \tfrac{1}{2} - \delta$$

である．これを上式に代入すれば

$$\log {}_N C_n \fallingdotseq -N(\tfrac{1}{2}+\delta)\log(\tfrac{1}{2}+\delta) - N(\tfrac{1}{2}-\delta)\log(\tfrac{1}{2}-\delta) \tag{B6}$$

## 3. 分布確率

$N$ 個の気体分子のうちの $n$ 個が容器の左半分に位置する確率 $P(N,n)$ は

$$P(N,n) = \frac{{}_N C_n}{2^N}$$

である．各粒子について左側と右側という2つの場合があるので，粒子が $N$ 個あるときは，全体で $2^N$ 通りの場合があることを使った．

$$\log 2^N = N \log 2 = N\{(\tfrac{1}{2}+\delta) + (\tfrac{1}{2}-\delta)\} \log 2$$

であることを使えば

$$\log P(N,n) = \log {}_N C_n - \log 2^N$$
$$\fallingdotseq -N(\tfrac{1}{2}+\delta)\{\log(\tfrac{1}{2}+\delta) + \log 2\} - N(\tfrac{1}{2}-\delta)\{\log(\tfrac{1}{2}-\delta) + \log 2\}$$
$$= -N(\tfrac{1}{2}+\delta)\log(1+2\delta) - N(\tfrac{1}{2}-\delta)\log(1-2\delta)$$

ここで，付録Aの近似式 (A19) と (A19′) を使う．それによれば

$$\log(1 \pm 2\delta) \fallingdotseq \pm 2\delta - 2\delta^2$$

であり，上式に使えば

$$\log P(N,n) \fallingdotseq -2N\delta^2$$

すなわち

$$P(N,n) \propto e^{-2N\delta^2} \quad (\delta = \tfrac{n}{N} - \tfrac{1}{2}) \tag{B7}$$

となる（対数の計算に近似式を使ったので最後の式の比例係数は上の式からはわからないが，確率の合計（積分）が 1 になるということより，比例係数 $=\sqrt{\frac{2}{\pi N}}$ であることがわかる）．

この式を見やすくするために $e^{-x} = 10^{-x/\log 10}$ という関係を使えば（この式は $e^{\log 10} = 10$（式 (A6)）全体を $-\frac{x}{\log 10}$ 乗すれば，(A1′) を使ってえられる）

$$P(N,n) \propto 10^{-aN\delta^2} \tag{B7′}$$

となる．ただし $a = \frac{2}{\log 10} \fallingdotseq 0.87$ である．

# 付録 C 微視的状態数の計算例

微視的状態数が正確に計算できる，1 つの簡単なモデルを紹介する．

全体は $N$ 個の粒子から構成されており，個々の粒子がもつエネルギーの総和が全エネルギーであるとする．粒子間の相互作用（位置エネルギー）は考えない．また，各粒子のエネルギーは，ゼロあるいは，ある定数 $\varepsilon$ の自然数倍でしかありえないとする．エネルギーがとびとびにしか変わらないというのは量子力学の特徴であり，実際にエネルギーがこのようになるケースもある（7.7 項）が，ここでは単に，1 つのモデルであると考えていただければよい．$\varepsilon$ を 1 とする単位を使えば，各粒子のエネルギーはゼロ以上の整数で表される．

全エネルギーが $U$（正の整数）であったとき，それを $N$ 個の粒子に分ける方法の数を $\rho_N(U)$ と書く．すると

$$\rho_N(U) = {}_{U+N-1}\mathrm{C}_U = \frac{(U+N-1)!}{U!(N-1)!}$$

である．

## 付録 C 微視的状態数の計算例

**証明** この問題は，$U$ 個の白玉と $N-1$ 個の黒玉を並べる方法の総数に等しい．それは次のように説明できる．$i$ 番目の粒子のエネルギーを $n_i$ としよう．まず $n_1$ 個の白玉を並べ，次に黒玉を 1 つ置く．次に $n_2$ 個の白玉を並べ，また黒玉を 1 つ置く．これを続けると，$U$ 個の白玉に，$N-1$ 個の仕切り（黒玉）を入れた列ができる．このような列それぞれが，エネルギーの分配方法 1 つに対応する．その総数は，全体として $U+N-1$ 個並んだ玉のうち，仕切りにする $N-1$ 個の玉を選び出す方法の数に等しく，それは与式で与えられる．

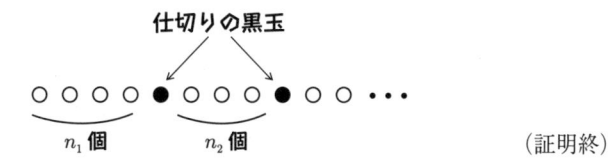

**仕切りの黒玉**

○○○○●○○○●○○ …
　$n_1$ 個　　$n_2$ 個

（証明終）

$U$ と $N$ も大きいときの $\rho_N(U)$ の振舞いを調べよう．スターリングの公式（付録 B 式 (B1)）を使う．$U$ や $N$ に比べて 1 はかなり小さな数なので無視すると

$$\log(U+N-1)! \fallingdotseq (U+N)\log(U+N) - (U+N)$$
$$\log U! \fallingdotseq U\log U - U$$
$$\log(N-1)! \fallingdotseq N\log N - N$$

したがって

$$\log \rho_N(U) \fallingdotseq U\log \frac{U+N}{U} + N\log \frac{U+N}{N}$$

となる．ここで特に $U \gg N$ だとすれば（式 (A18) を使って）

$$\text{右辺第 1 項} = U\log(1 + \frac{N}{U})$$
$$\fallingdotseq U \times \frac{N}{U} = N$$

となり，第 2 項は $\log\frac{U+N}{N} \fallingdotseq \log U - \log N$ なので結局

$$\log \rho_N(U) \fallingdotseq N\log U + (U \text{ によらない数})$$
$$= \log U^N + (U \text{ によらない数})$$

となる．両辺の指数をとれば，(A6) と (A1) を使って

$$\rho_N(U) \propto U^N$$

となる．

# 付録 D  エネルギー分配の揺らぎ

3.5 項でエネルギーの左右（物体 A と物体 B）への分配を考えた．左右の物体が同じならば，全エネルギーは左右で等しく分配される確率が最大になるというのが結論だったが，ここではさらに詳しく計算する．左右の物質は同じとするが，粒子数は必ずしも等しくはないとする．確率が最大になるのはどのような場合か，また最大確率の位置からどれだけ揺らぐ可能性があるかを考える．微視的状態数 $\rho(U_A, U_B)$ が最大値（ピーク）の周辺でどのように振る舞うかという問題だが，計算は対数 $\sigma(U_A, U_B)$ を使って行う．3.5 項式 (3) は成り立っているとして計算をする．

3.5 項式 (4) に式 (3) を使えば

$$\sigma(U_A, U_B) = cN_A \log U_A + cN_B \log U_B + 定数 \tag{D1}$$

である．ただし物体 A の粒子数を $N_A$，物体 B の粒子数を $N_B$ とした．粒子数は左右で異なるが物質は共通だと仮定して，$c$ は共通のものを使う．

$\sigma(U_A, U_B)$ を最大にする $U_A$ は，$U_A$ で微分してゼロとおけばえられる．

$$\frac{d \log U_A}{dU_A} = \frac{1}{U_A}$$

$$\frac{d \log U_B}{dU_A} = \frac{dU_B}{dU_A} \frac{d \log U_B}{dU_B} = -\frac{1}{U_A}$$

（$U_B = U_0 - U_A$ より）を使えば

$$\frac{d\sigma(U_A, U_B)}{dU_A} = \frac{cN_A}{U_A} - \frac{cN_B}{U_B} = 0$$

すなわち

$$\frac{U_A}{U_B} = \frac{N_A}{N_B} \tag{D2}$$

となる．（物質が同じならば）エネルギーは粒子数に比例して分配される確率が最大という，予想通りの結果がえられた．

次に，エネルギーの分配が式 (D2) からずれた場合を考えよう．式 (D2) を満たすエネルギーを $U_{A_0}, U_{B_0}$ とし，それからのずれを $u$ と書けば

$$U_A = U_{A_0} + u, \quad U_B = U_{B_0} - u$$

である．$\frac{u}{U_{A_0}}, \frac{u}{U_{B_0}}$ が小さいとすれば

$$\log U_A = \log(U_{A_0} + u) = \log\{U_{A_0}(1 + \frac{u}{U_{A_0}})\}$$
$$= \log U_{A_0} + \log(1 + \frac{u}{U_{A_0}}) \fallingdotseq \log U_{A_0} + \frac{u}{U_{A_0}} - \frac{1}{2}(\frac{u}{U_{A_0}})^2$$

## 付録 D　エネルギー分配の揺らぎ

最後に付録 A の近似式 (A19) を使った．同様に

$$\log U_\mathrm{B} \fallingdotseq \log U_{\mathrm{B}_0} - \frac{u}{U_{\mathrm{B}_0}} - \frac{1}{2}\left(\frac{u}{U_{\mathrm{B}_0}}\right)^2$$

これを式 (D1) に代入すれば，多少の計算ののち

$$\sigma(U_\mathrm{A}, U_\mathrm{B}) \fallingdotseq (u によらない部分) - X$$

ただし $X = \frac{c}{2}\{N_\mathrm{A}(\frac{u}{U_{\mathrm{A}_0}})^2 + N_\mathrm{B}(\frac{u}{U_{\mathrm{B}_0}})^2\}$
したがって，両辺の指数をとって

$$\rho(U_\mathrm{A}, U_\mathrm{B}) \propto e^{-X}$$

$c$ は 1 程度の数だが，一般に粒子数 $N_\mathrm{A}$ や $N_\mathrm{B}$ は膨大な数である．したがって $\frac{u}{U_{\mathrm{A}_0}}$ あるいは $\frac{u}{U_{\mathrm{B}_0}}$ が少しでもゼロからずれると $X$ が膨大になり，$\rho$ はほとんどゼロになる．3.2 項と同様に考えれば，ゼロからずれうる程度は $\frac{1}{\sqrt{N_\mathrm{A}}}$ あるいは $\frac{1}{\sqrt{N_\mathrm{B}}}$ 程度である（$N_\mathrm{A}$ と $N_\mathrm{B}$ は同レベルの量なのでどちらでもよい）．

## 応用問題解答

● 第1章 ※1.1〜1.10（復習問題）は 22 ページ

**1.11** この物体の質量を $M$ とすると，1.1 項式 (1) より

$$\text{運動エネルギー} \frac{1}{2}Mv^2 = \frac{1}{2}M(v_0 - gt)^2$$
$$= \frac{1}{2}M(v_0^2 - 2gtv_0 + g^2t^2)$$

$$\text{位置エネルギー } Mgx = Mg(x_0 + v_0t - \frac{1}{2}gt^2)$$

これを足すと，時刻 $t$ に依存する項はすべて打ち消し合い

$$\text{力学的エネルギー} = \frac{1}{2}Mv_0^2 + Mgx_0 = \text{定数}$$

この結果は最初（$t = 0$）の値に他ならない．

**1.12** 最初の運動エネルギーと最高点の位置エネルギーが等しい．つまり上がった高さを $x$ とすれば

$$\frac{1}{2}Mv^2 = Mgx \quad \Rightarrow \quad x = \frac{v^2}{2g}$$

具体的に数字を入れると，まず速度を SI 単位系に直して

$$v = 100\,\text{km/時} = \frac{10000\,\text{m}}{3600\,\text{s}} \fallingdotseq 27.8\,\text{m/s}$$

$g \fallingdotseq 10\,\text{m/s}^2$ とすれば $x = \frac{(27.8\,\text{m/s})^2}{2 \times 10\,\text{m/s}^2} \fallingdotseq 39\,\text{m}$.

**1.13** 20 °C を超えた分を全体で分け合うと考えると，全体では 3.5 kg だから

$$\{(30 - 20)\text{度} \times 0.5 + (50 - 20)\text{度} \times 2\} \div 3.5 \fallingdotseq 18.6\,\text{度}$$

これに 20 °C を足して答えは約 38.6 °C

**1.14** ヒントの通り，水（比熱 1 cal/度·g）がもらった熱が，鉄と鉛が与えた熱に等しいという式を書くと

$$X - 20 = (100 - X) \times 0.11 + (100 - X) \times 0.03$$

これを解くと $X \fallingdotseq 30$（°C）．

**1.15** 落ちる前の鉛の位置エネルギーは（質量 $M$ として）

$$Mgx \fallingdotseq 100M$$

（$g \fallingdotseq 10\,\text{m/s}^2$ とした）．落下した後の鉛の温度上昇を $\Delta T$ とすると，内部エネルギーの増加は（1 kg 当たりでは比熱は 30 cal/度·kg = 4.2 × 30 J/度·kg なので）

$$\Delta U = M \times 4.2 \times 30 \times \Delta T$$

これが上の $100M$ に等しいとすれば $\Delta T \fallingdotseq 0.8$ 度．同様の計算を水ですれば，比熱だけが 1000 cal/度·kg に変わり，$\Delta T = 0.02$ 度となる．

**1.16** 石は水をかく乱させながら，つまり海水の内部エネルギーを上げながら落下するので

$$\text{石の位置エネルギーの減少} = \text{海水の内部エネルギーの上昇}$$

石だけに着目すれば，石は水の抵抗を受けながら落下するので

$$\text{石の位置エネルギーの減少} = \text{海水による負の仕事}$$

**1.17** 1 モルは 207 g なので

$$\text{モル比熱} = 0.0306 \times 4.2 \times 207 \fallingdotseq 26.6 \,(\text{J/度} \cdot \text{モル})$$

粒子 1 つ当たりでは，これを $6.02 \times 10^{23}$ 個で割ると約 $4.42 \times 10^{-23}$ J/度·個. これは $k$ の約 3.2 倍である（つまりデュロン–プティの法則がほぼ成り立っている）．

## ●第 2 章 ※2.1〜2.12（復習問題）は 46 ページ

**2.13** すべて SI 単位系（圧力は Pa（パスカル），体積は m$^3$，温度は絶対温度 K）にして代入すれば

$$R = \tfrac{PV}{T} = 101325 \times 22.4 \times 10^{-3} \div 273 \fallingdotseq 8.3 \,\text{J/K} \cdot \text{モル}$$

**2.14** 1 モルでは $PV = RT$ だから，$V$ の変化と $T$ の変化は（$P = $ 一定 のときは）

$$P\Delta V = R\Delta T$$

したがって気体が膨張のときにした仕事は $\Delta T = 1$ K 当たり $R$ である．したがって定圧モル比熱は $\alpha R$ に $R$ を加えて $(\alpha+1)R$ となる．

**2.15** （与えられた数値が四捨五入したものなので，結果も最後の桁でずれが出るものもあるが，そのまま記す.）

(a) $\log(2 \times 3) = \log 2 + \log 3 = 1.792$
(b) $\log 3^2 = 2\log 3 = 2.198$
(c) $\log 10^3 = 3\log 10 = 6.909$
(d) $\log(3 \times 10^6) = \log 3 + 6\log 10 = 14.92$
(e) $\log \tfrac{10}{2} = \log 10 - \log 2 = 1.610$
(f) $\log \tfrac{3}{2} = \log 3 - \log 2 = 0.406$

**2.16** この気体のモル数 $m$ を計算しておく．体積は $100\,\text{L} = 0.1\,\text{m}^3$ だから

$$mR = \tfrac{PV}{T} \fallingdotseq \tfrac{100000 \times 0.1}{300} \fallingdotseq 33.8 \,(\text{J/K})$$

単原子分子だから $U = \tfrac{3}{2}mRT$ であることに注意．

(a) 外圧（2気圧）を $P_0$ と書けば，$U$ の増加は仕事 $-P_0\Delta V$ に等しいので

$$\Delta U = -P_0\Delta V = 2\,\text{気圧} \times (100-80)\,\text{L} \fallingdotseq 2\times 10^5 \times 0.02\,\text{J} = 4\times 10^3\,\text{J}$$

したがって温度上昇は $\Delta T = \frac{\Delta U}{\frac{3}{2}mR} = 80\,\text{K}$．つまり $(300+80)\,\text{K} = 380\,\text{K}$ になる．

(b) 最初の温度と体積を $T_1, V_1$ とし，最後の温度と体積を $T_2, V_2$ とすれば，準静断熱過程の公式 $TV^{2/3}=$ 一定（2.5項，$\alpha=\frac{3}{2}$）より

$$T_1 V_1^{2/3} = T_2 V_2^{2/3}$$

したがって

$$T_2 = T_1\left(\tfrac{V_1}{V_2}\right)^{2/3} = 300\left(\tfrac{100}{80}\right)^{2/3}\,\text{K} \fallingdotseq 348\,\text{K}$$

(a) と (b) の結果より最終体積が同じでも収縮の仕方によって温度が違うことがわかる．

(c) 等温ならば最初と最後の $U$ は変わらないので

$$\text{与えた仕事} = 2\,\text{気圧} \times 20\,\text{L} \fallingdotseq 4\times 10^3\,\text{J} = \text{放出した熱}$$

(d) 準静等温過程の公式（2.4項式 (3)）より（$V_1=100\,\text{L}, V_2=80\,\text{L}$）

$$\text{与えた仕事} = -\int_{V_1}^{V_2} P\,dV = -mRT\log\tfrac{V_2}{V_1} \fallingdotseq 2.2\times 10^3\,\text{J}$$

これが放出した熱になる．

**2.17** まず簡単にサイクルの説明をする．

**第1段階（定積での加熱）**：気体を高温物体に接触させる．そして体積 $V_1$ のまま（体積一定＝定積），温度を $T_H$ まで上げる．定積だから仕事はない．

**第2段階（等温での膨張）**：高温物体をこの気体に接触させたまま，体積が $V_2$ になるまで等温膨張させる．

**第3段階（定積での冷却）**：気体を高温物体から離し，低温物体に接触させる．そして体積 $V_2$ のまま（定積），温度を $T_L$ まで下げる．定積だから仕事はない．

**第4段階（等温での収縮）**：低温物体をその気体に接触させたまま，体積を元の $V_1$ まで戻す．

具体的に計算すると

$$W_2 = Q_2 = mRT_H \log\tfrac{V_2}{V_1}, \quad W_4 = Q_4 = mRT_L \log\tfrac{V_2}{V_1}$$
$$Q_1 = Q_3 = \alpha mR(T_H - T_L) \quad \text{（内部エネルギーの変化）}$$

したがって

応用問題解答

$$\text{熱効率}\,\eta = \frac{W_2-W_4}{Q_1+Q_2} = \frac{Q_2-Q_4}{Q_1+Q_2} = \frac{1-\frac{Q_4}{Q_2}}{1+\frac{Q_1}{Q_2}} = \frac{1-\frac{T_L}{T_H}}{1+\frac{Q_1}{Q_2}}$$

ただし第1段階と第3段階では温度変化の範囲が同じなので $Q_3$ をそのまま $Q_1$ に使うことができ(熱交換)，$Q_1$ は不要になってカルノー効率に一致する．

**2.18** 2.9項の記号を使うと

$$\text{成績効率} = \frac{Q_H}{W} = \frac{Q_H}{Q_H-Q_L} = \frac{1}{1-\frac{Q_L}{Q_H}} = \frac{1}{1-\frac{T_L}{T_H}}$$

**2.19** 何も影響を残さずにある物体からの熱を仕事に変えられたとし，その仕事により気体を断熱収縮させる．高温になるので体積を変えないで元の温度にまで冷やし，出た熱を最初の物体に吸収させる．結局，最初の物体は元の状態に戻り，気体が収縮（拡散の逆）されたことになる．

**2.20** 何も影響を残さずに低温物体から高温物体に（プラスの）熱を伝えられたとし，その高温物体に（熱機関を使って）仕事をさせ元の温度に戻す．結局，低温物体からの熱を100％，仕事に変換できたことになる．

● **第3章**   ※3.1〜3.8（復習問題）は70ページ

**3.9** 微視的状態数の比は

$$\frac{\rho(300\,\text{K})}{\rho(250\,\text{K})} = \left(\frac{300}{250}\right)^{\frac{3}{2}N_A} \fallingdotseq 5.05^{10^{23}}$$

エントロピーの差は

$$\Delta S = k\log\frac{\rho(300\,\text{K})}{\rho(250\,\text{K})} = k\times\frac{3}{2}N_A\log\frac{300}{250} \fallingdotseq \frac{3}{2}R\times 0.182 \fallingdotseq 2.2\,\text{J/K}$$

**3.10** エントロピーの差を先に計算すると，250 K の部分は上問．350 K の部分は

$$\Delta S = k\times\frac{3}{2}N_A\log\frac{300}{350} \fallingdotseq \frac{3}{2}R\times(-0.154) \fallingdotseq -1.9\,\text{J/K}$$

したがって合計 $\Delta S \fallingdotseq 2.2\,\text{J/K} + (-1.9)\,\text{J/K} = 0.3\,\text{J/K}$ となる．プラス（エントロピー非減少則）であることに注意．

微視的状態数の比は

$$\frac{\rho^2(300\,\text{K})}{\rho(250\,\text{K})\rho(350\,\text{K})} = \left(\frac{300^2}{250\times 350}\right)^{\frac{3}{2}N_A} \fallingdotseq 1.043^{N_A} \fallingdotseq 10^{0.018\times 6\times 10^{23}}$$

($\log_{10} 1.043 \fallingdotseq 0.018$) 膨大な数である．つまり温度が変化しない場合よりも，全体が平均化して 300 K になる確率のほうが圧倒的に大きい．

**3.11** 付録Dの前半の話である．そちらを参照していただきたい．

**3.12** (a) 問題に書かれていることより，たとえば $V$ が変化したときの $\log V$ の変化は $\Delta \log V = \frac{1}{V}\Delta V$. したがって3.7項式(4)より $\frac{\Delta S}{kN} = \frac{\Delta V}{V} + \alpha\frac{\Delta U}{U}$

(b) 問題の $\Delta U$ の式を代入すると，$U = \alpha mRT = \alpha PV$ であることも使って
$$\frac{\Delta S}{kN} = \Delta V(\frac{1}{V} - \alpha \frac{F}{S_0}\frac{1}{\alpha PV}) = \frac{\Delta V}{V}(1 - \frac{F}{S_0}\frac{1}{P})$$
収縮では $\Delta V < 0$ だから，2.3 項式 (2) も考えれば（$\frac{F}{S_0}\frac{1}{P} > 1$）$\Delta S > 0$ になる．ちなみに（準静でない）膨張のときは $\Delta V > 0$ と 2.3 項式 (3) を使えば，やはり $\Delta S > 0$ となる．

**3.13** (a) 気体のエントロピー変化は，$U =$ 一定（等温）だから $\Delta S$（気体）$= \frac{kN}{V}\Delta V = \frac{P}{T}\Delta V$．

(b) やはり $U =$ 一定 ならば気体にした仕事と入ってきた熱 $Q$ の和がゼロなので，$Q = P\Delta V$．この熱は熱浴から奪われたものなので，熱浴のエントロピー変化は（熱浴は体積変化がないので公式通り）
$$\Delta S\text{（熱浴）} = -\frac{Q}{T} = -\frac{P}{T}\Delta V$$
これと $\Delta S$（気体）を加えればゼロになる．

**3.14** 途中の過程は違っても最初と最後の状態は問題 3.13 と同じだとすると，$\Delta S$（気体）は問題 3.13(a) と同じである．しかし気体にした仕事（$= -Q$）が違う．ヒントより
$$\Delta S\text{（熱浴）} = -\frac{Q}{T} = -\frac{F}{S_0}\frac{1}{T}\Delta V$$
これと $\Delta S$（気体）を加えれば，問題 3.12(b) と同じ計算で，膨張か圧縮かにかかわらず $\Delta S > 0$ となる．

● **第 4 章** ※ 4.1〜4.7（復習問題）は 96 ページ

**4.8** (a) $\frac{d(x\log x)}{dx} = \frac{dx}{dx}\log x + x\frac{d\log x}{dx} = \log x + \frac{x}{x} = \log x + 1$
したがって $\Delta(x\log x) = (\log x + 1)\Delta x$

(b) $\log\frac{y}{x} = \log y - \log x$ だから，$\frac{\partial z}{\partial x} = \log\frac{y}{x} - 1, \frac{\partial z}{\partial y} = \frac{x}{y}$
したがって $\Delta(x\log\frac{y}{x}) = (\log\frac{y}{x} - 1)\Delta x + \frac{x}{y}\Delta y$

**4.9** 積分の値は，「ピークの高さ × ピークの幅」という式で，大雑把に見積もれる．大雑把という意味は，ピークの幅という言葉自体が厳密な意味をもたないこともあり，結果は数倍（あるいは数分の 1）になりうる．この部分の曖昧さを $K$ と書くと
$$\rho_{\mathrm{AB}}(U_0) = K\rho(U_\mathrm{A}^*)\rho(U_\mathrm{B}^*)\Delta U$$
この式の対数を取ると
$$\log \rho_{\mathrm{AB}}(U_0) = \log \rho(U_\mathrm{A}^*) + \log \rho(U_\mathrm{B}^*) + \log(K\Delta U)$$

粒子数 $N$ が膨大なときは，左辺および右辺の第 1 項と第 2 項は $N$ に比例して増大するが（$\rho \propto U^{cN}$ より），第 3 項はたかだか $\log N$ にしか比例せず，$N$ が膨大な系では無視できる．したがって，その意味で

$$S_{AB} = S_A + S_B$$

つまり A と B のエントロピーの和が全体のエントロピーに等しいことがわかる．

**4.10** $\frac{\partial S}{\partial U}$ の式からわかることは

$$S = \alpha k N \log U + (U \text{ によらない部分})$$

$U$ によらない部分は，$\frac{\partial S}{\partial V}$ の式から（ある程度）わかり

$$S = \alpha k N \log U + k N \log V + (U \text{ にも } V \text{ にもよらない部分})$$

**4.11** 外力が行った仕事 $= -\frac{F}{S}\Delta V$．これは $\Delta V > 0$ のとき（2.3 項式 (3)）も，$\Delta V < 0$ のとき（2.3 項式 (2)）も，$-P\Delta V$ よりも大きい．

**4.12** $\frac{\partial F}{\partial T}|_V = -S$：4.8 項の $F(T,V,N)$ と $S(T,V,N)$ を使うと

$$\frac{\partial F}{\partial T} = \alpha k N - S(T,V,N) - T\frac{\partial S(T,V,N)}{\partial T}$$
$$= \alpha k N - S(T,V,N) - T(\frac{\alpha k N}{T}) = -S(T,V,N)$$

ここで $S(T,V,N)$ は単に式 (5) の関数のことであり，それがエントロピー $S$ に等しいということが，$\frac{\partial F}{\partial T}|_V = -S$ の意味である．

$\frac{\partial F}{\partial V}|_T = -P$：同様に計算すると

$$\frac{\partial F}{\partial V} = -T\frac{\partial S(T,V,N)}{\partial V}|_T = \frac{kN}{V}$$

これが $-P$ に等しいということだから，状態方程式が導かれたことになる．（$G$ についてもほとんど同じである．）

**4.13** $e^{-X} = \frac{1}{2}$ にするには

$$X = -\log \frac{1}{2} = \log 2 \fallingdotseq 0.693$$

ここでは $X$ は $X = \frac{Mgx}{kT} = \frac{N_A Mgx}{RT}$

$N_A M$ は 1 モル当たりの質量だから分子量より 28.8 g．したがって

$$x = 0.693 \times \frac{RT}{N_A Mg} \fallingdotseq \frac{0.693 \times 8.3 \times 300}{0.0288 \times 10} \fallingdotseq 5991 \text{ (m)}$$

つまり約 6 km で空気密度は半分になる．

**4.14** 左側からの $n$ 個の場所の選び出し方は $\frac{X^n}{n!}$ である．$n!$ で割るのは，どのような順番で選び出しても同じだからである．同様に右側からの $N-n$ 個の

場所の選び出し方は $\frac{X^{N-n}}{(N-n)!}$ であり，その全体としてはその積で

$$\frac{X^N}{n!(N-n)!}$$

となる．分子は $n$ によらない定数だから，これは ${}_N\mathrm{C}_n$ に比例する．

## ●第 5 章　※5.1〜5.7（復習問題）は 118 ページ

**5.8** $\Delta T = \frac{T \times 体積の変化 \times \Delta P}{潜熱}$
$= \frac{273 \times 1.7 \times 10^{-6} \times 99 \times 10^5}{6.0 \times 10^3} \fallingdotseq 0.8 \text{ (K)}$

**5.9** $\frac{d(\frac{1}{T})}{dP} = \frac{d(\frac{1}{T})}{dT}\frac{dT}{dP} = -\frac{1}{T^2}\frac{R}{L}T^2 = -\frac{R}{L}\frac{1}{P}$

$\frac{1}{P}$ の積分は $\log P$ だから，上式より

$$\frac{1}{T} = -\frac{R}{L}\log P + 定数$$

$T = T_0$ のとき $P = P_0$ になるという情報を入れれば定数が決まり，式 (2) がえられる．

**5.10** $G_{混 i} = -kN_iT\log\frac{N_0}{N_i}$ として各項の寄与を計算する．まず $\mu_1$ のほうを考える（$\mu_2$ の計算は添え字を付け変えればよい）．

$$\frac{\partial G_{混 1}}{\partial N_1} = -kT\log\frac{N_0}{N_1} - kTN_1\left(\frac{1}{N_0} - \frac{1}{N_1}\right) \quad (1)$$

$$\frac{\partial G_{混 2}}{\partial N_1} = -kT\frac{N_2}{N_0} = -kT\left(1 - \frac{N_1}{N_0}\right) \quad (2)$$

合計すると $\mu_{混 1} = -kT\log\frac{N_0}{N_1} = kT\log\frac{N_1}{N_0}$ となり，これは 5.5 項式 (1) の第 2 項に等しい．

また $N_1 \gg N_2$ のときは（$\frac{N_2}{N_0} = x, \frac{N_1}{N_0} = 1 - x$, $x$ が小さければ $\log(1-x) \fallingdotseq -x$ などを使って），まず，$G_{混 2}$ のみで計算すると式 (2) より

$$\mu_{混 1} = \frac{\partial G_{混 2}}{\partial N_1} = -kT\frac{N_2}{N_0} = -kTx$$

また，式 (1) の添え字 1 を 2 に入れ換えると

$$\mu_{混 2} = \frac{\partial G_{混 2}}{\partial N_2} = -kT\log\frac{N_0}{N_2} - kTN_2\left(\frac{1}{N_0} - \frac{1}{N_2}\right)$$
$$\fallingdotseq -kT\log\frac{N_0}{N_2} = kT\log x \quad (3)$$

$\log x$ の絶対値は $x$ がゼロに近づくと無限大になること考え，$\log$ 以外の項は無視した．ところで，上の計算で無視した $G_{混 1}$ は（$\frac{N_1}{N_0} = 1 - \frac{N_2}{N_0}$ より）

$$G_{混 1} = kN_1T\log(1 - \frac{N_2}{N_0}) \fallingdotseq -kTN_1\left(\frac{N_2}{N_0}\right) \fallingdotseq -kTN_2$$

したがって $\mu_{混 2}$ のみに $kT$ の寄与をするが，式 (3) と比べれば無視できる．

応用問題解答

**5.11** Na と Cl は合計で 1 モルとする．また水 1 kg は $\frac{1000}{18} \fallingdotseq 55$ モルであり，したがって溶質の割合 $x$ は $x = \frac{1}{55} \fallingdotseq 0.018$ である．5.5 項の式を 1 モルで考えると，凝固点降下は

$$\Delta T = \frac{RT^2 x}{L} = 8.3 \times 273^2 \times 0.018 \div (6 \times 10^3) \fallingdotseq 1.9 \text{ (K)}$$

**5.12** 膨張すると分子間の位置エネルギー（< 0）が増えるので（ゼロに近づく），運動エネルギーが減り（自由膨張では気体の全エネルギーは不変），したがって温度が下がる．

**5.13** (a) $RT_c$ の式を変形すると $\frac{RT_c}{P} = \{1 + \frac{N_A^2 a}{P(N_A b)^2} \frac{1}{v^2}\}(v-1)N_A b$ となるので

$$A = \frac{N_A^2 a}{P(N_A b)^2}, \quad B = \frac{RT_c}{PN_A b}$$

$N_A^2 a$ と $N_A b$ の値を入れれば

$$A = \frac{0.138}{10^5 \times (0.032 \times 10^{-3})^2} = 1.34 \times 10^3$$
$$B = \frac{8.3 \times 55}{10^5 \times 0.032 \times 10^{-3}} = 1.43 \times 10^2$$

(b) $\frac{B}{A} = a$ ($\fallingdotseq 0.107$) とすれば 2 次式が $av^2 - v + 1 = 0$．この解は $v \fallingdotseq 1.14$ と $v \fallingdotseq 8.2$ である．このうち 5.9 項 $TV$ 図の $E$ に対応するのは $v = 1.14$ である．つまりこの状態は最低体積 $V = N_A b$（つまり $v = 1$）とほとんど変わらず，つまり分子がぎっしりと詰まった液体状態と考えられる．

(c) このときは $v \fallingdotseq B \fallingdotseq 143$ だから，体積は液体状態の 100 倍以上で，$TV$ 図の B に対応する．つまり気体状態と解釈できる（5.9 項の $TV$ 図は概念図で，正確に描かれているわけではない）．

● 第 6 章　※ 6.1〜6.7（復習問題）は 138 ページ

**6.8** たとえば圧力で書かれた式（6.3 項式 (9)）の場合，$\nu, \nu', \Delta\nu$ はすべて半分になる．また $\Delta G^*$ も半分になるので，全体を 2 乗すれば元の式になる．つまり実質的に同じ式である．

**6.9** 体積を増やさなければ同じ解離度でも圧力は高くなる．圧力が高くなれば平衡の式の左辺 $\frac{P_{CO}^2 P_O}{P_{CO_2}^2}$ は大きくなる（分子が 3 乗，分母が 2 乗なので）．したがって $\frac{\Delta G^*}{RT}$ は小さくならなければならないが，これは吸熱反応だから（$\Delta H^* > 0$）**温度 $T$ は高くならなければならない**．一般に，圧力を増やすと分子数を減らす方向（圧力を減らす）に反応が進むので（ルシャトリエの法則の圧力版といえる），解離は起きにくくなる．

**6.10** $\frac{G^*}{RT} = \frac{16640}{8.3 \times 298} = 6.7$．平衡定数は $e^{-6.7} = 1.23 \times 10^{-3}$．$P_{N_2} = p$ とすれば $H_2$ は $N_2$ の 3 倍あるのだから $P_{H_2} = 3p$ である．$p$ を気圧単位での圧力だ

とすれば
$$\frac{P_{N_2}P_{H_2}^3}{P_{NH_3}} = p \times (3p)^3 = 27p^4 = 1.23 \times 10^{-3}$$
したがって $p^4 = 0.45 \times 10^{-4}$．すなわち $p \fallingdotseq 0.08$（気圧）．

**6.11** $P_{N_2} = 0.1$（気圧）ならば $P_{H_2} = 0.3$，したがって $P_{NH_3} = 0.6$．ゆえに
$$\frac{P_{N_2}P_{H_2}^3}{P_{NH_3}^2} = 0.0075 \text{（気圧}^2\text{）}$$
これを $K$ とすれば $\ln K \fallingdotseq -4.9$．また $298\,\text{K}$ では $\ln K = -6.7$ であった（前問）ので，$\ln K$ の差は $1.8$．一般に，2 つの温度での $\ln K$ の差は $\frac{\Delta H^*}{RT}$ で決まるが，$\Delta H^* = 0 - (-46.19) = 46.19$（kJ/モル）より
$$\Delta \ln K = -\frac{\Delta H^*}{R}\left(\frac{1}{T_1} - \frac{1}{T_2}\right) \fallingdotseq -5565\left(\frac{1}{T_1} - \frac{1}{T_2}\right)$$
なので，$T_2 = 298, \Delta \ln K = 1.8$ のときは
$$\frac{1}{T_1} - \frac{1}{298} = -1.8 \div 5565 \fallingdotseq -0.00032$$
これより $T_2 \fallingdotseq 330\,\text{K}$ となる．

**6.12** 温度が上がれば吸熱する方向に反応は進む，つまり逆反応が進むので，平衡定数は小さくなる．また 6.6 項課題 3 の式から，$T = 1000\,°\text{C}$ のときは
$$\Delta G^* = -41.14 \times 10^3 + 1273 \times 42.39 = 1.282 \times 10^4$$
したがって $K = e^{-\Delta G^*/RT} \fallingdotseq e^{-1.21} \fallingdotseq 0.298$
$T = 25\,°\text{C}$ のときは $K \fallingdotseq 10^5$ だったから，激減している．

● **第 7 章** ※7.1〜7.8（復習問題）は 157 ページ

**7.9** $\frac{1\,\text{eV}}{k} \fallingdotseq \frac{1.6 \times 10^{-19}}{1.4 \times 10^{-23}} \fallingdotseq 10^4$．つまり 1 万 °C 程度になる．

**7.10** 7.5 項式 (5) より
$$F = -kT \log Z = -kT \times (\text{7.6 項式 (4)})$$
これは 4.8 項の $F$ の式
$$F = \alpha kNT - TS$$
$$= \tfrac{3}{2}kNT - T\{kN \log \tfrac{V}{N} + \tfrac{3}{2}kN \log(\tfrac{3}{2}kT) + ckN\}$$
と同じ形である（7.6 項式 (4) の定数が $N$ に比例するのは $Z = z^N/N!$ からわかる）．

エントロピーは $\frac{\partial F}{\partial T}|_V$ からえられるが，章末問題 4.12 と同じことになる．

**7.11** $\beta \to 0$ のときは $e^{-\beta \varepsilon} = 1 - \beta \varepsilon$ なので，7.7 項式 (4) は同項式 (2) と合致する．

**7.12** (a)  7.7 項の等比級数の公式は $\sum_{n=0} a^n = \frac{1}{1-a}$

これを $a$ で微分すれば $\sum_{n=0} na^{n-1} = \frac{1}{(1-a)^2}$

両辺に $a$ を掛ければ，与式がえられる．

(b)  $\langle E \rangle = \sum_n E_n p(n)$ であり

$$E_n = n\varepsilon, \quad p(n) = \tfrac{1}{z} e^{-\beta E_n} = \tfrac{1}{z}(e^{-\beta\varepsilon})^n$$

だから

$$\langle E \rangle = \tfrac{\varepsilon}{z} \sum n(e^{-\beta\varepsilon})^n = \tfrac{1}{z} \tfrac{\varepsilon e^{-\beta\varepsilon}}{(1-e^{-\beta\varepsilon})^2}$$

ここで $z = \sum (e^{-\beta\varepsilon})^n = \frac{1}{1-e^{-\beta\varepsilon}}$ を代入すれば 7.7 項課題の $\langle E \rangle$ の $N$ 分の 1 がえられる．

**7.13** $E = 0$ という状態の実現確率は $\frac{1}{z}$, $E = \varepsilon$ という状態の実現確率は $\frac{e^{-\beta\varepsilon}}{z}$ だから

$$\langle E \rangle = N \times \left(0 + \varepsilon \frac{e^{-\beta\varepsilon}}{z}\right) = \frac{N\varepsilon e^{-\beta\varepsilon}}{1 + e^{-\beta\varepsilon}}$$

比熱はこれを $T$ で微分すればよい．上式は分母の $e^{-\beta\varepsilon}$ が無視できる場合に，7.7 項の課題の $\frac{\langle E \rangle}{N}$ と一致する．$e^{-\beta\varepsilon}$ が無視できるとは，$\beta\ (=\frac{1}{kT})$ が非常に大きい場合であり，低温極限に相当する．低温では，小さなエネルギーをもつ状態を 2 つだけを考えればよいということである．

**7.14** 式 (3) に比例係数があることも考えれば $f(E) = \log p(E) + 定数$ である．また式 (1) からは

$$\log p = \log \rho + \log e^{-\beta E} + 定数' = cN \log E - \beta E + 定数'$$

定数 $= -$定数$'$ とすれば，$f(E)$ は式 (3) になる．次に $f(E)$ の微分を計算すると

$$\frac{df(E)}{dE} = \frac{cN}{E} - \beta, \qquad \frac{d^2 f(E)}{dE^2} = -\frac{cN}{E^2}$$

まず $\frac{df(E)}{dE} = 0$ という式から式 (4) の $E_0$ がえられる．これを 2 階微分の式に代入すれば $K$ がえられる．ピークの幅 $\Delta E$ は $K(\Delta E)^2 = 1$ という条件から，式 (5) がえられる．

# 索引

## あ行

圧縮点火機関　36
圧平衡定数　125
位置エネルギー　2
運動エネルギー　2
運動の凍結　147
液相　98
エネルギー　2
エネルギー効果　85
エネルギー保存則　4
エンタルピー　101
エントロピー　60
エントロピー効果　85
エントロピー非減少の法則　64
オットーサイクル　34, 36

## か行

回転運動　144
解離度　121
外力　12
化学平衡の法則　121
化学ポテンシャル　77
可逆　30
拡散　44
拡散的接触　78
撹拌　9
ガスタービン　37
活動度　135
活量　135
カノニカル-アンサンブル　148

カノニカル分布　148
カルノー効率　39
カルノーサイクル　38
環境　80
気化熱　100
気相　98
気体定数　25
希薄溶液　107
ギブズの自由エネルギー　81
逆カルノーサイクル　45
凝固点降下　108
凝固熱　101
凝縮熱　100
クラウジウス-クラペイロンの式　103
クラウジウスの原理　42
系　14
原系　122
拘束条件　55
効率　35
固相　98
孤立系　14
混合　90
混合のエントロピー　90

## さ行

サイクル　34
三重点　99
残留エントロピー　127
示強性　76
示強変数　76

仕事　5
指数関数　158
指数関数的な減少　158
指数関数的な増加　158
自然対数　160
質量作用の法則　121
質量的接触　78
シャルルの法則　24
自由度　19
自由膨張　26
重力加速度　3
準静過程　28
準静断熱過程　32
準静等温過程　30
昇華　99
示量性　76
示量変数　76
振動　145
浸透圧　111
スターリングサイクル　37, 48
スターリングの公式　164
正準集団　148
正準分布　148
生成エンタルピー　128
生成系　122
生成熱　128
成績係数　41
絶対温度　25
絶対零度　25
潜熱　100
相図　98
相転移　98

# 索引

束縛条件　55

● た行 ●

第1種の永久機関　42
対数関数　160
対数関数の底　160
第2種の永久機関　42
単原子分子　27
断熱過程　29

ディーゼルサイクル　36
デュロン–プティの法則　19
電離　135

等温過程　29
等重率の原理　57
同種粒子効果　92
等分配則　19
特性温度　147
トムソンの原理　42

● な行 ●

内部エネルギー　8

2原子分子　27
ネイピア数　159
熱　10
熱機関　34
熱効率　35
熱的接触　78
熱の仕事当量　13
熱平衡　17
熱容量　11, 12
熱浴　29, 80
熱力学第0法則　17
熱力学第1法則　12
熱力学第2法則　44
熱力学第3法則　127

濃度平衡定数　125

● は行 ●

場合の数　50
半透膜　111
反応進行度　122
反応熱　129
微視的状態　57
微視的状態数　57
比熱　12
火花点火機関　36
標準エントロピー　127
標準ギブズエネルギー　126
標準生成エンタルピー　129
標準生成エントロピー　130
標準生成ギブズエネルギー　130
標準生成熱　128
ファント・ホッフの式　111
不可逆　30
物質量　25
沸点　99
沸点上昇　108
ブレイトンサイクル　37
分圧　104
分配関数　143
平衡状態　17, 55, 120
平衡定数　121
並進運動　27
ヘルムホルツの自由エネルギー　81
偏微分　73
ヘンリーの法則　110
ボイルの法則　24
飽和蒸気圧　104
ボルツマン因子　140

ボルツマン定数　18, 25
ボルツマン分布　148

● ま行 ●

マクスウェル–ボルツマンの速度分布　141
マクスウェルの速度分布　141
摩擦　9
ミクロカノニカル分布による方法　148
密度平衡定数　125
モル数　25
モル濃度　120
モル比熱　26
モル密度　120

● や行 ●

融解熱　101
融点　99
揺らぎ　55

● ら行 ●

力学的エネルギー　4
力学的接触　78
理想気体　24
理想気体の状態方程式　25
流体　99
臨界点　99
ルシャトリエの原理　132
冷却機関　40
冷却効率　41

● 欧字 ●

$i$ 成分の混合のエントロピー　93

著者略歴

和田純夫（わだすみお）
1972年　東京大学理学部物理学科卒業
2015年　東京大学総合文化研究科専任講師 定年退職

主要著訳書
「物理講義のききどころ」全6巻（岩波書店），
「一般教養としての物理学入門」（岩波書店），
「プリンキピアを読む」（講談社ブルーバックス），
「はじめて読む物理学の歴史」（共著，ベレ出版），
「ファインマン講義　重力の理論」（訳書，岩波書店），
「ライブラリ物理学グラフィック講義」1～6巻（サイエンス社），
「グラフィック演習　力学の基礎」（サイエンス社），
「グラフィック演習　電磁気学の基礎」（サイエンス社）

ライブラリ 物理学グラフィック講義＝4

グラフィック講義 熱・統計力学の基礎

2012年2月10日© 　　　初版　発行
2022年9月25日　　　　初版第4刷発行

著　者　　和田純夫
発行者　　森平敏孝
印刷者　　篠倉奈緒美
製本者　　松島克幸

発行所　　株式会社　サイエンス社
〒151-0051　東京都渋谷区千駄ヶ谷1丁目3番25号
営業☎（03）5474-8500（代）　FAX☎（03）5474-8900
編集☎（03）5474-8600（代）　振替 00170-7-2387

印刷　（株）ディグ　　製本　松島製本（有）
《検印省略》

本書の内容を無断で複写複製することは，著作者および出版者の権利を侵害することがありますので，その場合にはあらかじめ小社あて許諾をお求め下さい。

ISBN978-4-7819-1300-1
PRINTED IN JAPAN

サイエンス社のホームページのご案内
http://www.saiensu.co.jp
ご意見・ご要望は
rikei@saiensu.co.jp　まで．